岩波講座
物理の世界

さまざまなプラズマ

さまざまな物質系4

さまざまなプラズマ

高部英明

岩波書店

本文図版

飯箸　薫

まえがき

「プラズマ」という言葉はとても良いイメージで宣伝されるようになってきました．今や，大型テレビはプラズマテレビの時代であり，またプラズマイオンを利用したエアコンも現われ，「マイナスイオンが発生する大自然の心地よさを届けます」など，プラズマという言葉が一般の人に良く響くことはプラズマ物理に携わる私にはうれしいことです．

プラズマとは原子が電離して，原子核と電子がバラバラになったものです．どのような物質でも十分高温になれば普遍的にこの状態になります．固体，液体，気体につぐ，「物質の第4の状態」なのです．プラズマテレビはそのほんの一面を利用した商品です．じつは宇宙の99% 以上はプラズマ状態にあり，宇宙はプラズマが織りなす神秘的な現象で満ちています．電離することにより原子は電荷を帯び，自由な電子が空間を飛び回ります．それらは遠距離力であるクーロン力で相互作用し，集団的なふるまいを示します．それは波動現象，波動の不安定，電磁場乱流への発展，輸送現象など多様な物理機構を生み出すのです．

19 世紀末の真空技術の向上で，放電管内の原子の励起，電離などの研究が盛んになり，ライマン系列などの規則正しいスペクトルが発見されました．それを説明するボーアの量子軌道仮説は量子力学の先駆けとなりました．また，地球磁気圏の研究が磁場中のプラズマのさまざまなふるまいの研究を推し進めました．不幸なことに，第二次世界大戦は原爆という凶器を人類に与え，その後の米ソの冷戦の始まりは，水爆というとてつもない破壊兵器を生み出しました．しかし，同時に人類はその平和利用として核融合エネルギーの研究も始めました．核融合の実現には超高温のプラズマを閉じ込める，つまり，人工的に制御することが不可欠です．その研究がさらにプラズマ物理学をより豊かな学問にしてきました．並行して，宇宙の観測技術の向上は宇宙のプラズマ現象が多様で複雑な未知の世界であることを物理学者のまえに突きつけました．プラズマ物理は宇宙物理を理解する鍵を握っているのです．

多様で複雑なプラズマを個々に紹介することは限られた紙数では不可能ですから，この小本を書くにあたって，プラズマ物理の考え方，とらえ方などを身近な物理現象などのアナロジーを随所に挿入しながら理解していただくように努めました．むずかしい数式にあまり頼らず直観的にプラズマ物理が学べるように配慮しました．本書は，プラズマに限らず，いろいろな分野で問題となる学術的なキーワードで章立てをしました．したがって，物性物理など多体系の現象を勉強する際にも参考になると思います．

本書の執筆に関しては物理学会の領域2(プラズマ物理)の吉田善章・領域代表たちとの領域2の再構築の議論が大変参考になりました．この場を借りて感謝します．また，本書の執筆をお薦めくださった佐藤文隆先生に感謝します．岩波書店編集部には締め切りをすぎても気長に執筆を支えていただきました．感謝します．

2004年2月

高部英明

目　次

1

プラズマとは何か

摂氏数千度以上に物質やガスを加熱すると，分子は解離し，原子は電離を始める．このような電離した物質の状態をプラズマと呼び，個々の粒子は熱速度でランダムに運動すると同時に互いにクーロン力で相互作用する．本章では自然界でみられるプラズマから，人工的に作ったプラズマ，宇宙でみられるプラズマなど具体的な例を紹介し，プラズマとは何かを読者なりの感覚でつかんでいただく．そのうえで，荷電粒子の平均自由行程や外部磁場，電場内での運動など基本的な事柄の解説をおこなう．

■1.1　身近な自然界のプラズマ

身近なプラズマの例を挙げることから始めよう．物質は高温でプラズマになる．炎は弱く電離したプラズマ状態である．雷は，雷雲が電荷を帯び，地表にはその反対符号の電荷が集まり，雲と地表の間にできる電場が強くなり空気の絶縁破壊(放電)が起こる現象である．この際，電場で加速された一部の自由電子が原子に衝突し，原子に束縛された電子を自由にし，この電子がさらに加速されて他の原子を電離していく．このような電子雪崩現象により放電が起こり，電流の流れる道筋にプラズマが発生し光る．この道筋は同時に高温になり圧力が上昇する．その圧力により衝撃波が空気中を伝搬し，けたたましい雷音が響く．

2003 年 11 月 28 日，太陽表面で 30 年ぶりの巨大な**太陽フレア**(表面爆発現象)が観測された*．これにより大量の太陽プラズマが地球磁気圏に降り注いだ．地球磁場に捕捉されたプラズマは荒れ狂い，磁場を歪ませて磁気嵐を起こすと同時に，地球磁場に沿って磁場の集まる極に集中し，空気中の窒素や酸素原子を励起する．その励起された原子が元の状態に戻る時に光を出す．これが幽幻(ゆうげん)な光を放つオーロラ現象である**．今回の巨大な太陽フレアでは北海道でもオーロラが見られた．

地球大気は中性気体で構成されている．国際便などの長距離旅客機の飛行高度は 10 km 程度で外気はまだ中性である．しかし，100 km も上空に行くと，気体の密度も地表の 10 万分の 1 にまで低くなり，太陽からの紫外線で分子は解離しさらに原子は電離した状態になる．このような電離した大気による希薄なプラズマ層が地球を覆っている．これは**電離層**と呼ばれ，地上 500 km ほどにまで達する．

---

* この太陽フレアの動画は http://antwrp.gsfc.nasa.gov/apod/ap031029.html で見ることができる．

** http://climate.gi.alaska.edu/Curtis/curtis.html にオーロラの写真集がある．

■1.2　人工的なプラズマ

人間が作り出したプラズマの例をいくつか挙げよう．真空技術の向上にともない，希薄なガスを円筒状のガラス管に封じ込め両端に電極を置き，雷と同じように人工的にガスを電離する実験が 19 世紀の末から 20 世紀初めにかけて盛んにおこなわれた．真空の度合がきわめて高いときは，陰極から電子線が放出されていることが 1897 年，J. J. トムソンにより発見された．そこに，いろいろな種類の気体を封入した場合，気体特有の発光が観測されること，その光の周波数は今日，ライマン系列，バルマー系列などと呼ばれるきれいな法則に従って放出されていることが発見された．この発見がボーアの量子軌道仮説につながった．これは，陰極電子が加速され，原子を励起し，励起した原子が下準位に遷移する際に放射される光子のエネルギーに関する関係式を示す．内部のガスの種類と電圧をうまく調整することによりさまざまな色の光を出すことができ，ネオンサインに利用されている．また，蛍光灯も低気圧にしたガラス管中に電圧をかけ，自由電子を雪崩的に増やし，それをアルゴンガス中の水銀原子に衝突させ発生する紫外線をガラス内側に塗布した蛍光体に照射して白い光に変換している．これは電離度の低いプラズマの例である．

さらに，電圧を高くすると，陰極電子のエネルギーが高くなり，原子に衝突した際，束縛された電子をはぎ取ってしまう．このように自由電子の数が増え，ガラス管の内部では電離度の高いプラズマ状態が実現される．このような放電管内のプラズマの性質をくわしく研究し，物質の第 4 の状態にプラズマとい

図 1.1　プラズマの命名者，ラングミュア博士(1881-1957)．彼は民間の研究者として初めてノーベル賞を受賞した．(写真：Los Alamos National Laboratory)

う名を与えたのが米国 GE 社のエンジニアであった**ラングミュア**(Langmuir：図 1.1)であり，1928 年のことである(1932 年，ノーベル賞受賞*)．「プラズマ」の用語はギリシャ語に端を発し「形作られたもの」などの意味をもつ．ラングミュアが電離ガスを Plasma と呼ぶことにしたのは，プラズマ振動がゼリーの振動を思わせるところからの発想のようである．彼は，プラズマを計測するためのプローブ(計測針)を考案し，今日でもラングミュア・プローブと呼ばれて使用されている．なお，プラズマという用語は医学の世界でも広く使われており，半流動性の細胞質に使ったり，リンパ液や血漿を示す言葉としても使われている．

「プラズマという言葉を知っているか」と家族にたずねたら，「**プラズマテレビ**」と返ってきた．2004 年 1 月 16 日の日経新聞夕刊のトップ記事に「プラズマ TV 大画面化—液晶とすみ分けへ—」と出ていたので思わず東京からの帰り，京都駅で買ってしまった．40 インチ級が主力であったのを，今後の需要見込みから 50〜60 インチ級の生産へ投資するようである．プラズマ

*　次の Web ページに歴代のノーベル賞の紹介が受賞者の写真付きで掲載されている；http://www.almaz.com/nobel/

テレビの原理は，微細な放電管内にプラズマを発生させプラズマから出る紫外線(Xe の 147 nm の紫外線など)を，3 原色を発光する蛍光物質に照射し，それをコントロールすることで色を出す，というものである．このような 3 色の蛍光面をもつ微細な 0.5 mm 程度の放電管を縦横に百万個程度並べて画面を表示する．原理は簡単だがいかに消費電力を抑えるか，つまり，プラズマからの紫外線の発光効率をいかに上げるかなどはプラズマ物理の研究課題である．

巨大で人工的なプラズマは**水素爆弾**により作られた．1952 年 11 月 1 日，南太平洋のきれいな珊瑚礁エニウェトクにおいて人類初の熱核融合反応による爆発的なエネルギーの開放実験がおこなわれた*．その爆発の規模は 10.4 メガトン．メガトンというエネルギーの単位は通常の TNT 高性能火薬にして百万トンを一挙に爆発させたときにでるエネルギーに相当する．メガトンといっても想像がつかないと思うが，1995 年の阪神・淡路大震災がマグニチュード 7.3 の地震で，このマグニチュード(M)もエネルギーの単位である．計算してみると，M 7.3 はちょうど 1 メガトンになる．つまり，阪神・淡路大震災は地下 16 km(震源の深さ)で 1 メガトンの水爆を爆発させた際の被害に相当する．水爆がいかに強力な破壊兵器であるかが実感できる．1952 年以降，米国と旧ソ連を中心に大気圏での水爆実験が何度も繰り返された．実験の度に大量のプラズマが大気中に放出され，南太平洋で人工のオーロラが観測された．

水素爆弾は制御が不可能な核融合現象である．これを，制御が可能な程度のエネルギー発生に抑え，平和利用しようという

* http://www.atomicarchive.com/Photos/index.shtml の中の MIKE.

のが核融合エネルギー研究である．この研究は水爆の登場と頃を同じくして始められた．まず，この研究に携わったのは旧ソ連で「水爆の父」と呼ばれていた**サハロフ**博士である．彼は後に反体制科学者として旧ソ連を内部から崩壊させた一人であり，ノーベル平和賞の受賞者でもある．彼の回想録*はたいへん興味深い．彼は今日，**トカマク**と呼ばれている磁場核融合装置の発案者である．この装置が約半世紀を経て今日，世界が協力して建設しようとしている**ITER**(「イーター」と発音；国際熱核融合実験炉)の原型である**．ITER 建設地は日仏のどちらかで，2003 年 12 月 20 日に決定の予定であったが結論が出ず 2004 年の 3 月に持ち越された．今後，10 年をかけて建設，20 年間実験をおこない，核融合エネルギー取り出しを実証する計画である．

1960 年，米国ヒューズ社のメイマンはルビーを光で励起することにより人類で初めてレーザーの発振に成功した．これは同年 7 月 7 日のニューヨーク・タイムズなどで報道され，たちまち世界中に広まった．レーザーは Light Amplification of Stimulated Emission of Radiation(誘導放出による光の増幅)の頭文字であり，その前には光より長波長のマイクロ波の増幅器 Maser (メーザー)が実現されていた．物理的原理の発見により 1964 年，米国のタウンズと旧ソ連のバゾフ，プロコロフの 3 人がノーベル物理学賞を受賞している***．レーザーの登場によりレーザーでプラズマを容易に生成することができるようになり，その研

* アンドレイ・サハロフ著，金光不二夫・木村晃三訳『サハロフ回想録』(上,下)，中公文庫 BIBLIO 20 世紀，2002 年.

** ITER の公式サイトは，http://www.naka.jaeri.go.jp/ITER/

*** C.H. タウンズ著，霜田光一訳『レーザーはこうして生まれた』岩波書店，1999 年，を参照.

図 1.2　水爆の父でありレーザー核融合の生みの親，テラー博士(1908-2003)．テラー博士の業績を記念してテラーメダルがレーザー核融合や関連分野に貢献のあった科学者に 2 年ごとに米国原子力学会から贈られている．博士は 2003 年 9 月 9 日逝去された．筆者は 2003 年の受賞者で，翌日の 10 日に米国カリフォルニア州モンタレーで授賞式に臨むという劇的な経験をした．(写真：Hoover Institute, Stanford University)

究が核融合と関連して盛んにおこなわれた．**レーザー核融合**である．これは，水素燃料の球をレーザーで超高密度に爆発的に収縮させ(これを「**爆縮**」と言い，「爆発」の反対語である)，中心で核反応を点火し，核融合エネルギーを取り出そうというものである．この制御核融合は米国の「水爆の父」といわれたテラー博士(図 1.2)を中心に研究が進められた*．

1.3　宇宙におけるプラズマ

太陽は目に見える宇宙のプラズマの代表である．**太陽**の主成分である水素とヘリウムのほぼ 100% はプラズマ状態にあり，中心で発生した核融合のエネルギーを 100 万年かけて表面にまで運び，主に光のエネルギーとして宇宙空間に放出している．そのほんのわずかのエネルギーが地球に降り注ぐことで地上の生命が維持されている．太陽の内部構造を図 1.3 に示す．中心は

* リバモア研究所が主催した 2003 年 11 月 3 日の追悼式典の記録などが，http://www.llnl.gov/llnl/06news/NewsMedia/teller_edward/memorial.html に掲載されている．彼の足跡については，http://www.llnl.gov/llnl/history/edward_teller.html に紹介されている．

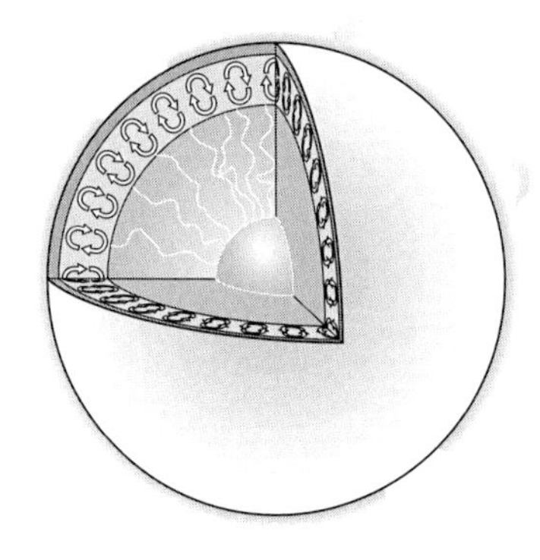

図 1.3　太陽の内部構造と表面．中心部での核融合反応で出たエネルギーは内部を X 線などの輻射輸送で運ばれ，表面近くでは対流運動で運ばれる．それが，可視光を中心とした光のエネルギーとして放出される．

密度が 50 g/cm^3，温度は 1.5 keV に相当する*．中心の核融合反応で発生したエネルギーは X 線などの輻射輸送で外層に運ばれ，外層では対流によりエネルギーが表面に運ばれる．太陽表面をくわしく観測すると粒状斑とよばれる斑点状の構造が見られるが，これは，みそ汁の表面に見られる対流による模様と原理は同じで，下から浮上してくる物質が斑点状の構造をもつことによる．太陽の表面温度は 6000℃ 程度であり，その熱平衡放射(プランク分布)のエネルギーピークは可視光となる．また可視光は大気による吸収もほとんどない．ここから，人間の見える光の波長の範囲(可視光)が進化の過程で決まったと考えられる．

太陽表面のフレア現象を先に紹介した．これは太陽内部の磁場が浮力で上昇し表面に出てきて，さらに上昇しようとする際に磁場のつなぎ換え(磁気リコネクション と呼ぶ)が起こる．その際に大量のエネルギーが開放される現象が太陽フレアである**．

---

*　本書では温度をエネルギーの単位 eV (エレクトロン・ボルト)で表現する．1 eV=11,604 K である．また，1 keV=10^3 eV.

**　くわしくは本講座の，寺沢敏夫『太陽圏の物理』の第 4 章を参照して下さい．

宇宙物理はプラズマ物理学の宝庫である．分子雲から星が形成される過程においても，自己重力で中心密度が高くなるに従い，温度も上昇し電離が起こる．すると，そこからの光や紫外線で周りの物質が電離する．電離した物質は星間磁場に凍結し，磁場を引きずりながら中心天体の周りを回転することになる．磁場は引きずられ伸ばされていくが，張力によりもとに戻ろうとする性質があるためプラズマの角運動量を取り去る．角運動量を失ったプラズマが中心に降り積もり星が成長していく．さらに，プラズマの一部が星の内部のダイナモ電流で形成された磁場により双極方向にジェット状に加速・噴出するという現象も見つかっている．これは生まれたての星が作るジェットである．数多くの例がハッブル宇宙望遠鏡で観測されている*．星形成の過程では少なくとも，光電離によるプラズマの形成や磁場との結合などのプラズマ物理学の研究が要求される．

ブラックホールや中性子星などコンパクト星の周りにはきわめて強い重力場により引き寄せられた周辺の物質が回転円盤を形成している．これは**降着円盤**(アクリーション・ディスク)と呼ばれる．二重星の場合のイメージを図 1.4 に示す．降着円盤から物質がコンパクト星表面に落下し，X 線が突然発生することがある．ブラックホールの場合，X 線が重力で閉じこめられて中性子星の場合に比べて微弱な X 線しか観測されない．このような性質を利用してコンパクト星がブラックホールであると同定しようという試みがある．物質の降着速度を理論的に決める必要があるが，まだ，満足のいく理論はない．この場合も先ほどの星の形成と同じようにコンパクト星からの X 線による電

* ハッブル宇宙望遠鏡の天体写真集が http://heritage.stsci.edu/ にある．

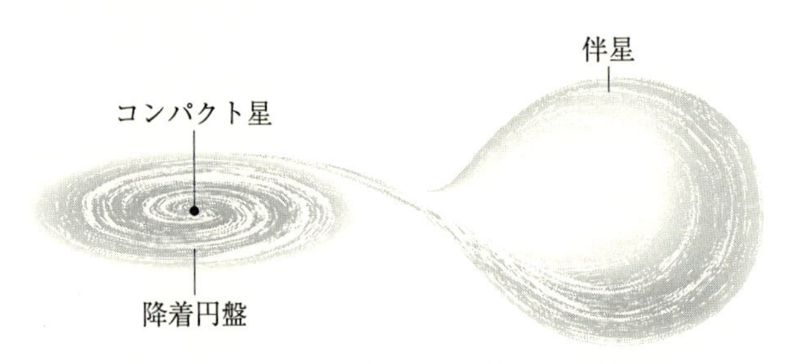

図 1.4　コンパクト星と通常の星が近接した二重星のイメージ図．伴星からの物質はコンパクト星に降着円盤を作り，コンパクト星に落下していく．

離や降着円盤の輻射冷却，磁場とプラズマの結合などを解析する必要がある．

宇宙の 99% 以上はプラズマ状態にある．したがって，宇宙の不思議な現象の背景にある物理を理解しようとした場合，プラズマ物理学を駆使する必要がある．ただし，紙と鉛筆で解けるような簡単な現象はまれで，つぎに述べるようにきわめて複雑な現象を取り扱う必要がある．そのために，最先端の計算機やアルゴリズムを使った計算科学による研究が重要になる．この事は，宇宙プラズマに限らず，実験室のプラズマについても同様である．

1.4　プラズマ物理学の特徴

まず，特徴を示すキーワードを箇条書きにしよう．

(1) 多自由度

(2) 非平衡性，非線形性

(3) 時間・空間の高階層性

(4) 物理複合型，複雑系

(5) 大規模シミュレーション

プラズマ物理は多数の荷電粒子が遠距離相互作用をしている物理系を取り扱う学問であり，非平衡でかつ多自由度の現象を取り扱う．また，プラズマが集団的にふるまう流体的側面や波と粒子，波と波の相互作用など，非線形性が重要な物理として発現する．同時に，時間・空間のスケールが何桁も異なるミクロとマクロな現象が結合した現象を扱う必要がある．これは，流体の乱流で小さな渦と大きな渦が混在して乱流拡散や乱流燃焼などという現象がみられることと同じように，プラズマ乱流による異常輸送の原因となる．すでに前に例を示したように，電離，輻射輸送，磁場との結合など完全電離した理想プラズマでは取り扱えない現象がむしろ多くみられることから諸々の物理が結合した問題を解いていく必要に迫られる．その結果として，各物理過程を物理要素として理論モデルを構築し，それらを結合させた物理複合型の膨大な方程式系を差分法などの手法でプログラムし，大規模シミュレーションを実施する必要がある．

実際，プラズマ物理学は粒子法などの計算科学の分野をリードしてきた歴史的な経緯もある．つまり，物理複合型の複雑な問題を解きたいというニーズが高速の計算機の開発を押しすすめ，その結果，今日の**地球シミュレータ**に代表される，超高速の計算機を生み出してきた*．図 1.5 に世界最高速の計算機性能向上の推移をしめす**．私が大学院生だった 1976 年，クレイ-1 が登場し，100 Mflops (1 秒間に 1 億回の計算) の時代を迎え，「スパコン」という言葉が生まれた．80 年から 81 年，ミュン

* 地球シミュレータ；http://www.es.jamstec.go.jp/esc/jp/

** http://www.top500.org/ に世界中のコンピュータで速度が上位 500 番までをその名称や性能・所属を含め随時掲載している．

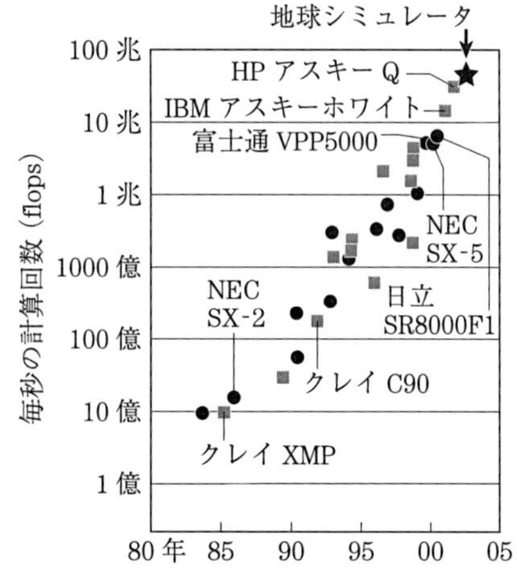

図 1.5　世界最高速の計算機の性能向上の推移. 2004 年現在, わが国の「地球シミュレータ」が世界最高性能を誇る.

ヘンのマックスプランク研究所にポスドクでいた際, 毎日クレイ-1 のお世話になった. それが, 今では, この原稿を書いている携帯パソコンのほうが 10 倍以上も高速であるというのは信じがたいことである. 技術の進歩が研究のあり方を変えることは, 加速器の登場により原子核・素粒子物理実験のあり方が大きく変わったことと同じである. 私たちは理論・実験に次ぐ第 3 の研究手法, 計算科学が日々大きく成長していることに注意を払わなければいけない.

1.5　プラズマの素過程

まず, プラズマが作られる過程を簡単に述べよう. 物質を加熱していくと, 分子の場合, 分子を構成する原子がエネルギーをもらい, 振動したり回転したりする. そのうちこの振動が激しくなると分子の結合を振り切って解離する. その際, 一部の電子は原子の束縛を離れ自由になる．さらに熱を加えると，自由電子が高速で原子に衝突することになり，そのエネルギーが十分大きいと，原子に束縛されていた電子にエネルギーを与え自由電子にする．このような過程を衝突電離過程という．この逆過程は自由電子のエネルギーが小さいために他の自由電子と衝突した際，原子に捕獲される現象で，衝突再結合と呼ばれる．一般に，熱力学的に平衡状態にあるプラズマでは，電離と再結合の過程が釣り合い，温度，密度で電離状態は一意的に決まる．

電離過程には，他にも，光で電離する光電離や密度が高くなり2電子励起の状態が1電子を電離して基底状態に収まる自動電離などがある．再結合には，光電離の逆過程である光を放出して電子が原子に束縛される光再結合や，自由電子が束縛された電子にエネルギーを与えてその原子に捕捉される2電子性再結合などがある．

平衡状態にないプラズマの電離状態を知るためには個々の原子状態に対するレート方程式と呼ばれる連立方程式を随時解く必要がある．今，電離状態が ξ (電荷は $\xi-1$：$\xi=1\sim Z+1$)で，電離した原子(イオン)の束縛電子全体の量子状態が m であるイオンの数を N_ξ^m とすると，**レート方程式**は

$$\frac{\mathrm{d}}{\mathrm{d}t}N_\xi^m = +\,[(\xi,m)\text{への電離や再結合}] \\ -\,[(\xi,m)\text{からの電離や再結合}] \qquad (1.1)$$

となる．正しくは上記のように m というイオンの内部自由度があるため，電離状態が ξ (電離度が $\xi-1$ のイオンを示す)のイオン内での励起や脱励起も(1.1)式に含む必要がある．

すべての**原子過程**を含めればレート方程式は一般に

$$
\frac{\mathrm{d}}{\mathrm{d}t}\begin{pmatrix} N_1^1 \\ \vdots \\ N_\xi^m \\ \vdots \\ N_Z^M \\ N_{Z+1}^1 \end{pmatrix} = \begin{pmatrix} A_{1,1} & A_{1,2} & \cdots\cdots\cdots & \\ A_{2,1} & \ddots & & \\ \vdots & & \ddots & \\ \vdots & & & A_{Z+1,1} \end{pmatrix} \begin{pmatrix} N_1^1 \\ \vdots \\ N_\xi^m \\ \vdots \\ N_Z^M \\ N_{Z+1}^1 \end{pmatrix} \tag{1.2}
$$

と書ける．ここで，電離や再結合の係数 $A_{\xi,m}$ は電子密度や輻射場の関数で，右辺をゼロとしたときの解(熱平衡の解)が意味をもつように決まらなければいけない．(1.2)で N_{Z+1}^1 は完全電離した状態だから１つしかなく，N_Z^M の M は１電子が束縛されている水素様イオンの内部量子状態の数を表わす．

電離や再結合などの係数や過程などについていろいろなプラズマの条件下で研究する分野を原子過程の研究分野と呼ぶ．このような分野の研究に精通し，かつ，(1.2)のいろいろな条件下での数値解法に精通すれば，他の分野，たとえば，非平衡な化学反応過程の研究や超新星爆発時の核合成に関する研究などの専門家に労せずして変身することができる．物理学のなかにはまったく異なる分野を扱っても考え方のベースが同じであったり，数式で表現したときにほとんど同じ問題に帰着することが多々みられる．このような「類似性」から他の分野を眺めるのも物理学のおもしろみである．

■1.6　デバイ遮蔽

温度が十分高くなり荷電粒子が増えていくと，クーロン力が遠距離にまで到達することから，多数の荷電粒子同士が力を及ぼしあう．その結果，波動や不安定にみられるように秩序だった物理現象が誘発される．その際，荷電粒子は集団的にふるまう．この集団現象がプラズマの特徴であるとともに，プラズマ物理を多様で複雑な学問にしている．

集団現象の基礎であり，かつ，わかりやすい例でもある**デバイ遮蔽**を説明しよう．あるイオンに着目した際，このイオンに電子は引き付けられ，他のイオンは遠ざかる．その結果，このイオンの周りにはマイナス電荷が多くなり，このイオンの電荷を遮蔽し，力が有限の距離にしか及ばないようになる．これをデバイ遮蔽という．この有限距離をデバイ長という．上記の説明を簡単な数式の関係式にしてデバイ長を導出してみよう．

簡単のため電荷 Ze のイオンが電子によって遮蔽される距離を求める．イオンは均一な密度の背景電荷と考える．図 1.6 のように電子はイオンのクーロン力により軌道がわずかに曲げられる．衝突パラメータ r で入射してきた電子の軌道を図 1.6 に示した変位 Δr は粗く見積もって

$$\Delta r \sim \alpha t^2 \sim \frac{Ze^2}{4\pi\varepsilon_0 r^2 m_\mathrm{e}}\left(\frac{r}{v_\mathrm{e}}\right)^2 \tag{1.3}$$

ここで電子が平均的に感じる加速度 α が(1.3)の右辺の最初の項，この力を感じる時間は大雑把に $t{\sim}r/v_\mathrm{e}$ とした．v_e は電子の速度である．各半径の位置ですべての電子が(1.3)式程度変位すると，それにともなう電荷のイオンとの差は電子の密度を n_e として $4\pi r^2 \Delta r e n_\mathrm{e}$ となり，これが Ze と等しくなるとき，中心の電荷は電子の変位の電荷で打ち消されてしまい，その力は外には及ばない．したがって，$4\pi r^2 \Delta r e n_\mathrm{e}{=}Ze$ の関係に(1.3)を代入して求まる半径 r が**デバイ長**となり，それを λ_De と書

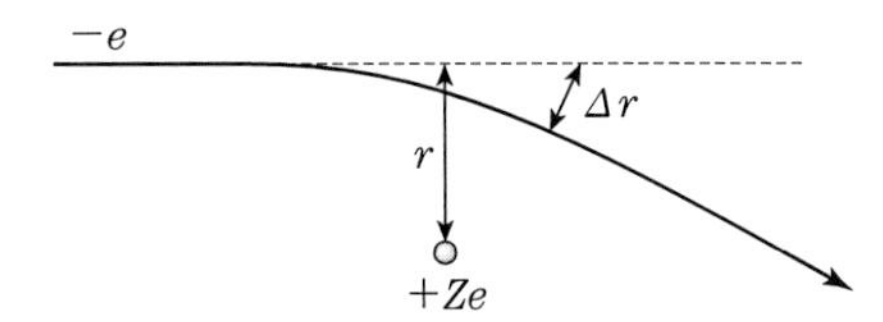

図 1.6 イオンによるクーロン力でわずかに軌道を曲げられる電子.

くと

$$\lambda_{\mathrm{De}} = \left[\frac{\varepsilon_0 T_{\mathrm{e}}}{n_{\mathrm{e}} e^2} \right]^{1/2} \qquad (1.4)$$

となる．ここで，$v_{\mathrm{e}}^2 = T_{\mathrm{e}}/m_{\mathrm{e}}$ のように，v_{e} として電子熱速度を代入した．λ_{De} は，電子デバイ長と呼ばれる．

くわしい計算をすると，裸のクーロンポテンシャル $U(r) = Ze/r$ の形は

$$U(r) = \frac{Ze}{r} \mathrm{e}^{-r/\lambda_{\mathrm{De}}} \qquad (1.5)$$

となる．このようなポテンシャルの形は有限質量の中間子が力を媒介するときの核力にも現われ，それを湯川秀樹が導出したことから，**湯川型ポテンシャル**と呼ばれている．

デバイ遮蔽はプラズマだけでなく，たとえば食塩水のような電解溶液においてもみられる．この場合も原理は同じであることは読者にはすぐ理解できると思う．ところが，同じ $1/r^2$ に比例する力で相互作用し合う重力多体系では遮蔽現象はみられない．たとえば，1 千億個もの星が重力で相互作用し銀河を形成していく過程などでは，数学的にプラズマの多体問題に類似しているように思われるが，重力の場合，力は引力のみであり遮蔽は起こらない．したがって，1 個の星の重力は遠くにまで及び，計算が大変厄介になる．このことから，重力多体系計算の

専用計算機 GRAPE などが発案され，研究が飛躍的に向上した経緯がある*.

■1.7 結合パラメータと理想プラズマ

デバイ半径で定義される球をデバイ球という．デバイ球の中の電子数を N として

$$N = \frac{4\pi}{3} n_{\mathrm{e}} \lambda_{\mathrm{De}}^3 \propto n_{\mathrm{e}}^{-1/2} T_{\mathrm{e}}^{3/2} \tag{1.6}$$

である．この数が十分大きいプラズマを理想プラズマという．つまり，密度が高すぎず，温度が十分高いプラズマである．なぜ理想プラズマというのか，また，理想プラズマとはどのようなプラズマなのかを説明する．

荷電粒子の平均的なクーロン相互作用エネルギーとその熱エネルギーの比で定義される結合パラメータ Γ を導入する．電子同士に対する**結合パラメータ**は

$$\begin{aligned} \Gamma &= \frac{(\text{平均のクーロン相互作用エネルギー})}{(\text{平均の運動エネルギー})} \\ &= \left[\frac{e^2}{4\pi\varepsilon_0 \langle r \rangle} \right] \Big/ T_{\mathrm{e}} \end{aligned} \tag{1.7}$$

である．ここで，$\langle r \rangle$ は電子の平均距離であり $4\pi/3 n_{\mathrm{e}} \langle r \rangle^3 = 1$ で定義される．Γ は電子同士やイオン同士，また，電子とイオンの間の相互作用についても定義される．一般に，このような結合パラメータが大きいか小さいかで

---

* 重力多体系計算専用機 GRAPE に関しては，http://grape.c.u-tokyo.ac.jp/ を参照.

$$\Gamma \ll 1\text{：弱結合プラズマ}$$

$$\Gamma \geqq 1\text{：強結合プラズマ}$$

と呼んでいる．この中間状態も場合により強結合効果が重要となる．

さて，(1.7)に(1.6)を用いることにより

$$\Gamma \propto \frac{1}{N^{2/3}} \propto \frac{n_{\mathrm{e}}^{1/3}}{T_{\mathrm{e}}} \tag{1.8}$$

の関係が求まる．(1.8)より明らかなように，$N \gg 1$ という**理想プラズマの条件**は $\Gamma \ll 1$ の弱結合プラズマの条件でもある．つまり，荷電粒子の集団であっても平均的な熱運動が優勢で，わずかにクーロン力により力を受けるような場合を理想プラズマという．

強結合プラズマは星の内部などきわめて高密度の状態で問題となる．たとえば，温度は低くても圧力で電離が起こったり(圧力電離という)，結晶構造をもつ．また，最近ではプラズマ・プロセスや星形成などで，直径 1 μm 程度の塵(ダスト)に自由電子が多数付着したダスト・プラズマが強結合プラズマとして注目されている．理由は，ダストの電荷が大きく，その電荷を $-N_{\mathrm{c}}e$ とすると，(1.7)の Γ が N_{c}^2 に比例して大きくなることによる．$N_{\mathrm{c}} \simeq 10^3 \sim 10^4$ 程度である．

ダスト・プラズマの研究は始まったばかりで興味深いが，本書は入門書ということで理想プラズマの場合しか扱わない*．参考までに代表的なプラズマの結合パラメータを示しておく(表1.1)．

* ダストプラズマに関しては，http://www5.physik.uni-greifswald.de/ を参照．

表 1.1 代表的なプラズマの結合パラメータ．

トカマクプラズマ	10^{14} cm^{-3}	10 keV	Γ=10^{-7}
レーザープラズマ	10^{22} cm^{-3}	1 keV	Γ=5×10^{-4}
木星中心	10 g/cm^3	1 eV	Γ=50
太陽中心	50 g/cm^3	1.5 keV	Γ=0.1
白色矮星	10^6～10^9 g/cm^3	1～10 keV	Γ=10～200

■1.8 衝突断面積と平均自由行程

プラズマが十分高温で完全電離した状態を考えよう．粒子同士はクーロン力で相互作用する．クーロン力による荷電粒子同士の衝突現象を簡単に解析しよう．二体衝突を考え，簡単のために電子がイオンに衝突する場合を考える．図 1.6 の衝突で電子の軌道が 90 度近く曲げられるのは衝突時の力積が衝突前の運動量程度になるときである．つまり，(力積)=(力)×(時間)=$Ze^2/(4\pi\varepsilon_0 r^2)$ $\times(r/v_\mathrm{e})$ であり (初期運動量)=mv_e であるから，両者が等しくなる半径を求めると

$$r = \frac{Ze^2}{4\pi\varepsilon_0 T_\mathrm{e}} \tag{1.9}$$

と求まる．ただしここで，電子の平均運動エネルギーの関係 $mv_\mathrm{e}^2=T_\mathrm{e}$ を用いた．この半径より小さい衝突パラメータで入射した電子は大きく軌道を曲げられる，つまり，強い衝突を受ける．したがって，**衝突断面積** σ は粗く見積もって

$$\sigma = \pi r^2 \propto T_\mathrm{e}^{-2} \tag{1.10}$$

である．衝突断面積が温度の 2 乗に逆比例して小さくなるのがクーロン衝突の特徴である(重力相互作用でも同様である)．

イオン密度 n_i のプラズマ中に電子が突入した際，上記のよう

な衝突を受けずに自由に進入できる距離のことを**平均自由行程**という．この平均自由行程 l_0 は，上記の定義から

$$l_0 = \frac{1}{n_\mathrm{i}\sigma} \propto \frac{T_\mathrm{e}^2}{n_\mathrm{i}} \tag{1.11}$$

となる．

(1.11)より明らかなように，高温のプラズマでは平均自由行程は温度の 2 乗に比例して長くなり，ほとんど衝突を受けない．このようなプラズマを無衝突プラズマという．磁場核融合や太陽コロナのように密度が比較的低く，温度が数 keV にも達する高温プラズマでは多くの場合，無衝突を仮定して研究できる．また，中性気体(σ がほぼ一定)ではみられない無衝突ゆえに現われる質的に異なる物理現象も重要となってくる．

無衝突でも，プラズマ自体から生じる自己電磁場を介して粒子同士が相互作用し，多様な現象がみられる．プラズマ物理のほとんどが無衝突の条件のもとに起こることに注意しよう．また，ここでは簡単に平均自由行程を求めたが，くわしい計算には遠距離相互作用でわずかに軌道が曲げられ，何度も衝突を繰り返しながら軌道が 90 度近く変化する微小角散乱の積み重ね効果を加える必要がある．くわしい説明は省くが，一般にプラズマの平均自由行程は

$$l = \frac{l_0}{\ln \Lambda} \tag{1.12}$$

となる．ここで，$\ln \Lambda$ はクーロン対数と呼ばれる．(1.9)の半径を r_0 とすると(1.4)のデバイ長を用いて，$\Lambda \sim \lambda_\mathrm{De}/r_0$ と表わされる．理想プラズマでは $\Lambda \gg 1$ であり，通常のプラズマでは $\ln \Lambda \sim 10$ 程度の値となる．

1.9 サイクロトロン運動

質量 m で電荷が q の荷電粒子が一定強度の電場 $\boldsymbol{E}$，磁場 $\boldsymbol{B}$ の中で運動するとき，ローレンツ力を受けるこの粒子の速度 $\boldsymbol{v}$ に対するニュートンの運動方程式は以下のようになる．

$$m\frac{\mathrm{d}\boldsymbol{v}}{\mathrm{d}t} = q(\boldsymbol{E}+\boldsymbol{v}\times\boldsymbol{B}) \tag{1.13}$$

さて，z 方向に一様な磁場 B_0 が存在する場合の運動から考えよう．電場はないとすると，磁場による力は z 方向にはかからないので，v_z は一定である．v_x, v_y に関する運動は(1.13)より

$$m\frac{\mathrm{d}v_x}{\mathrm{d}t} = qB_0v_y\ , \quad m\frac{\mathrm{d}v_y}{\mathrm{d}t} = -qB_0v_x \tag{1.14}$$

である．これを，v_x に対する方程式にまとめると

$$\frac{\mathrm{d}^2v_x}{\mathrm{d}t^2} = -\omega_\mathrm{c}^2v_x \tag{1.15}$$

となる．ここで，ω_c は

$$\omega_\mathrm{c} = \frac{|q|B_0}{m} \tag{1.16}$$

で定義され，**サイクロトロン振動数**と呼ばれる．磁場と垂直な速度成分の初期値が v_0 であった場合，荷電粒子は (x, y) 面で円軌道を描くことが(1.15)の解よりわかる．回転方向は電荷の符号により異なる．イオン($q>0$)では磁場の方向に左回りに，電子($q<0$)では右回りとなる．このときの回転半径は**ラーモア半径**(r_L と書く)と呼ばれ，磁場による力(qv_0B_0)と回転運動による遠心力(mv_0^2/r_L)が釣り合うという関係より

$$r_{\mathrm{L}} = \frac{mv_0}{|q|B_0} \tag{1.17}$$

と求まる．一般に，熱速度は電子のほうがイオンより質量比の平方根 $(m_{\mathrm{i}}/m_{\mathrm{e}})^{1/2}$ だけ速いので，電子のラーモア半径のほうが陽子のそれより 1/40 ほど小さいことがわかる．たとえば，トカマクの例で，磁場が 1 テスラ，温度が 10 keV のとき，重水素イオンと電子のラーモア半径はそれぞれ 1 cm と 0.3 mm である．

さて，磁場により回転する荷電粒子が作る磁場(自発磁場)について考えてみよう．陽子も電子も回転円の内部に作る磁場は外部磁場と逆方向である．このことからプラズマは反磁性の性質をもつことがわかる．密度の高いプラズマを磁場で閉じ込めようとすると，自発磁場が外部磁場を打ち消してしまい，閉じ込めるべき磁場がなくなり，プラズマの閉じ込めができなくなることがある．ここに磁場閉じ込め核融合のむずかしさの原点がある．

■1.10 荷電粒子のドリフト

さて，電場やその他の力も含んで外場 $\boldsymbol{F}$ が磁場以外に働いているとしよう．これは，重力であったり，遠心力であったりする．このとき，円運動はどうなるだろうか．$\boldsymbol{F}$ の磁場方向成分は単に定加速度運動を引き起こすだけであり自明であるので垂直運動のみを考える．そこで，$\boldsymbol{F}$ は (x, y) 面内の力としよう．このとき運動方程式は

$$m\frac{\mathrm{d}\boldsymbol{v}}{\mathrm{d}t} = \boldsymbol{F} + q\boldsymbol{v}\times\boldsymbol{B} \tag{1.18}$$

である．この方程式がラーモア運動の回転中心が一定速度で移

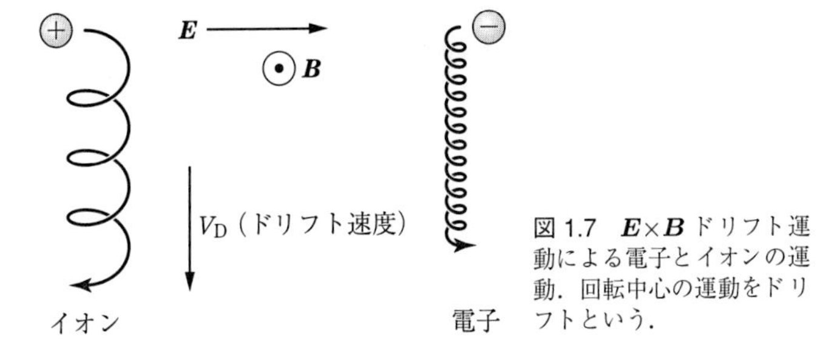

図 1.7　$\boldsymbol{E}\times\boldsymbol{B}$ ドリフト運動による電子とイオンの運動．回転中心の運動をドリフトという．

動(ドリフト)する解を与えることを示そう．その速度を $\boldsymbol{V}_{\rm D}$(一定)として，(1.18)の右辺の $\boldsymbol{F}$ が見かけ上消えればよい．つまり，

$$\boldsymbol{F}+q\boldsymbol{V}_{\rm D}\times\boldsymbol{B}=0 \tag{1.19}$$

を満たす $\boldsymbol{V}_{\rm D}$ を求める．(1.19)の右から $\boldsymbol{B}$ との外積をとることにより $(\boldsymbol{V}_{\rm D}\times\boldsymbol{B})\times\boldsymbol{B}=-B_0^2\boldsymbol{V}_D$ であることから

$$\boldsymbol{V}_{\rm D}=\frac{\boldsymbol{F}\times\boldsymbol{B}}{qB_0^2} \tag{1.20}$$

と求まる．したがって，このドリフト速度で並進運動する系に乗れば，(1.18)の $\boldsymbol{F}$ による力は見かけ上消えてしまいラーモア運動だけが残る．

たとえば，力が図 1.7 のように電場($\boldsymbol{E}$)のときを考えよう．このドリフトは $\boldsymbol{E}\times\boldsymbol{B}$ **ドリフト**と呼ばれ，電子，イオンとも同じ方向に同じドリフト速度となり，ドリフト運動による電流は生じない．しかし，力が電荷に依存しない重力や遠心力の場合，イオンと電子のドリフトの方向が反対方向になり電流が流れる．その結果，電荷分離が生じ自発電場が発生し，この電場により $\boldsymbol{E}\times\boldsymbol{B}$ ドリフトが起こることになる．これは，ドーナツ状の閉じ込め装置にとって大変重要なことである．たとえば，図 1.8 のようにドーナツ状の磁場の中を高速でイオンと電子が走ってい

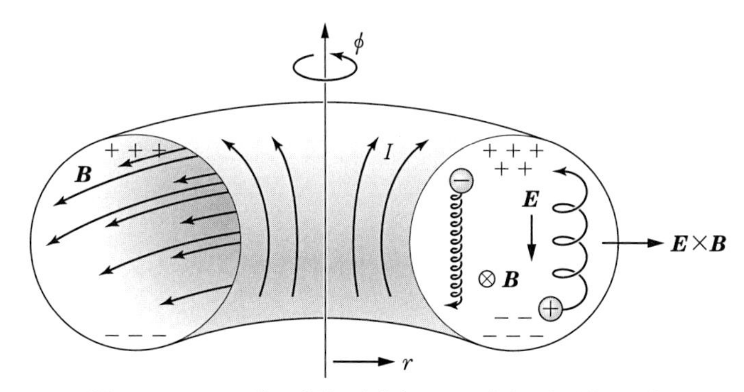

図 1.8 ドーナツ状の磁場に巻き付いて運動する荷電粒子は遠心力ドリフトを受ける．その結果，電荷分離がおこり，$\boldsymbol{E}\times\boldsymbol{B}$ ドリフトでプラズマは逃げてしまう．

るとしよう．磁力線の曲率半径を R，磁場方向の粒子の速度を $v_{\parallel}$ とする．すると，荷電粒子には $F=mv_{\parallel}^2/R$ の遠心力がドーナツの外の方向にかかる．この力により(1.20)からわかるようにイオンは上方，電子は下方にドリフトする．その結果，電荷分離が起こり，電場が上から下にかかる．この電場による $\boldsymbol{E}\times\boldsymbol{B}$ **ドリフト**で電子もイオンも磁場容器の外にドリフトで逃げてしまう．実際の装置は，このようなことが起きないようにプラズマ中に電流を流し，その磁場との合成で，ドーナツにらせん状に巻きつくような磁場構造にし，荷電粒子が同じ軌道を通らないように工夫している．磁化プラズマのドリフトには上記にあげた以外にも磁場強度の空間変化にともなうドリフトなどたくさんの種類があるが，これ以上はスペースの関係で触れない．

2
平衡プラズマ

太陽は自己重力と圧力が平衡状態にある巨大なプラズマである．白色矮星，中性子星なども力学平衡にある．本章ではその構造を求めてみる．さらに，実験室でプラズマを閉じ込める方法として磁場を用いた場合と慣性力を用いた場合を紹介し，核融合研究の歴史と現状を概説する．

■2.1　平衡とは

プラズマが平衡状態にある，といっても意味は一意に決まらない．平衡にもいろいろな概念があるからである．もっとも身近な概念は力学的な平衡であろう．ビリヤードの玉が丸底の容器の中で静止している状態は力学的に平衡でかつ安定である．しかし，丸底容器を上下逆さまにしてその先端においた場合，理論的には平衡状態，つまり，重力による力は丸底の頂点でバランスしているが，わずかの揺れで玉は転げ落ちてしまう．このような平衡状態は力学的に不安定な状態である．プラズマのような連続体にも上記と同様の議論が成り立つ．つまり，プラズマは平衡状態にあるとしても，安定か不安定かという議論が残る．長時間プラズマを閉じこめるには安定な平衡状態にあるプラズマを生成する必要がある．

上記の議論は，プラズマのマクロな平衡の話である．これに対しミクロな平衡状態とはプラズマの局所におけるミクロな状態が統計力学的に平衡状態にあるかどうかである．たとえば，速度分布関数が熱平衡状態にないと，プラズマ粒子は衝突を介してエネルギーのやりとりをし，最終的にエントロピー最大のマックスウェル分布となる．プラズマの場合，生成過程などから熱平衡分布からずれた非平衡状態にあることがしばしばある．プラズマが無衝突に近いことから，衝突を介さず，波の励起など波動の不安定とその非線形な発展を通して平衡状態に移行しようとする場合が多い．具体的な説明は第 3, 4 章でおこなう．

熱力学的に局所熱平衡状態にあると仮定して導出される関係式がプラズマの流体近似の方程式である．さらに，電気的に中性に近く，電磁力が無視できると考えると，中性気体に対する流体方程式でプラズマを記述することができる（くわしくは付録 A.2, A.3 を参照）．この場合，プラズマは密度 ρ，流速 $\boldsymbol{u}$，温度 T で特徴づけられる．一般に，これらの物理量が空間的に変化している場合，エネルギーの流れなどが存在するが，ここでは無視しよう．流れのない制止したプラズマが満たさなければならない式は力の釣り合いの式である．

$$\nabla P = \rho \boldsymbol{F} \tag{2.1}$$

ここで，$\boldsymbol{F}$ はプラズマ自体が作る自己重力や電磁場であったり外力であったりする．

■2.2　白色矮星の内部構造

簡単な平衡解の例として，電子の縮退圧力で自己重力を支えて平衡状態にある**白色矮星**の構造について考えてみよう．私たちの太陽はあと 50 億年もすると中心部分の水素を燃やし尽くし核融合生成物のヘリウムの灰が溜まってくる．すると，中心部は核融合でエネルギーを放出することができず陥没していき，中心部に太陽質量の数十%の質量をもった白色矮星ができる．白色矮星は冷却していくが，電子が狭い空間に閉じ込められ不確定性原理 $\Delta x \Delta p \geqslant \hbar$ により大きな運動量 Δp が生じる．これが圧力として働き星の重力を支える．このような量子力学的な圧力を**縮退圧**という．

球対称の白色矮星を仮定すると(2.1)式は

$$\frac{\mathrm{d}}{\mathrm{d}r}P = -\rho\frac{GM}{r^2}, \quad \frac{\mathrm{d}M}{\mathrm{d}r} = 4\pi r^2 \rho \tag{2.2}$$

の関係式に書ける．ここで，$M(r)$ は中心から半径 r までの全質量であり，G は重力定数である．簡単のために星は完全に縮退しているとすると圧力 P は密度 ρ だけの関数になり，(2.2)の連立式は閉じる．中心での密度 ρ_0 を与え，$M(r{=}0){=}0$ であるという条件から(2.2)を中心から積分することができる．そして，$P{=}0$ となる点が星の表面であることから，星の密度分布が求まる．

(2.2)式を粗く解いて，白色矮星の特徴的なサイズや密度を求めてみよう．ここで，(2.2)の第 1 式の左辺は

$$\frac{\mathrm{d}P}{\mathrm{d}r} = \left(\frac{\mathrm{d}P}{\mathrm{d}\rho}\right)\frac{\mathrm{d}\rho}{\mathrm{d}r}$$

と書き換えることができる．ここで，$(\mathrm{d}P/\mathrm{d}\rho)$ は速度の 2 乗の次元をもっており，一般に音速の 2 乗を示す．電子の縮退圧力は $P \sim Z\rho\varepsilon_{\mathrm{F}}/m_{\mathrm{i}}$ であり，ε_{F} はフェルミ・エネルギー，m_{i} はイオンの質量である．電子の密度 n_{e} を $n_{\mathrm{e}} \sim Z\rho/m_{\mathrm{i}}$ と近似した．(2.2)の関係を代数関係で粗く置き換え，かつ，縮退が相対論的になる極限($\varepsilon_{\mathrm{F}}=m_{\mathrm{e}}c^2$)では白色矮星の半径と密度は

$$R_{\mathrm{WD}} \approx \frac{GM_{\odot}}{(Zm_{\mathrm{e}}/m_{\mathrm{i}})c^2} \approx 5000\ \mathrm{km} \tag{2.3}$$

$$\rho_{\mathrm{WD}} \approx \frac{M_{\odot}}{\frac{4\pi}{3}R_{\mathrm{WD}}^3} \approx 4\times10^6\ \mathrm{g/cm^3} \tag{2.4}$$

と求まる．これより，太陽質量($M_{\odot}$)程度の白色矮星のサイズは地球程度で密度が $1\ \mathrm{cm}^3$ あたり 4 トンという超高密度の星であることがわかる．

白色矮星は平衡プラズマであり，かつ，安定である．たとえばなんらかの原因で星が縮んだとしても，中心部の電子の縮退圧が密度の 5/3 乗に比例して増大し，押し返して元の状態に戻る．質量が $0.8M_{\odot}$ の場合の白色矮星の密度分布を図 2.1 に示す．点線は相対論の効果を考慮しない場合の解である．星の質量が $1.4M_{\odot}$ に近づくと，中心でのフェルミ・エネルギーが mc^2 に近づき，相対論的効果を考慮する必要がある．$\varepsilon_{\mathrm{F}} \gg mc^2$ の極限では $P \propto \rho^{4/3}$ となり，重力とバランスしない．このような相対論の効果も考慮した矛盾のない状態方程式を用いて求めた密度分布を図 2.1 の実線で示す．中心部分で相対論効果のために柔らかくなった分，よりコンパクトになっているのがわかる．

中性子星についても同様の議論ができる．この場合，異なるのは圧力の密度依存性だけであり，式(2.2)は変わらない．今度は中性子の縮退圧で重力を支えていると考えると，中性子の質量

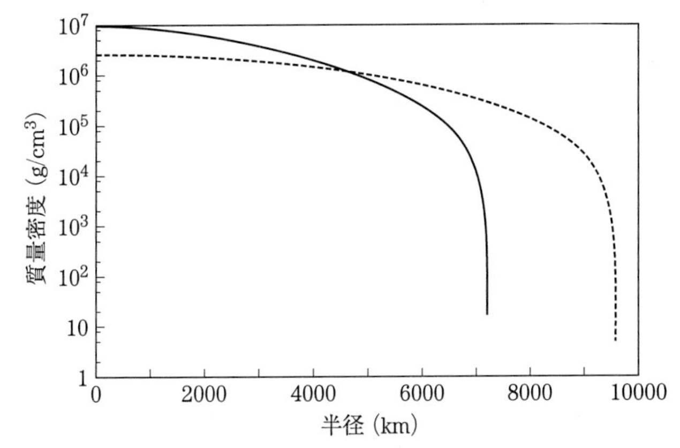

図 2.1　太陽の 80% の質量の白色矮星の密度分布．実線が相対論効果も考慮した正しい状態方程式を用いた場合，点線は非相対論の状態方程式を用いた場合．相対論効果で物質は柔らかくなる．

を $m_{\rm n}$，そのフェルミ・エネルギーを $E_{\rm F}^{\rm n}$ として $P{\sim}\rho/m_{\rm n}E_{\rm F}^{\rm n}$ であり，$E_{\rm F}^{\rm n}{=}m_{\rm n}c^2$ と入れると半径 $R_{\rm NS}^*$ は(2.3)式より $2m_{\rm n}/m_{\rm e}$ (~3600)倍小さくなり

$$R_{\rm NS}^* \approx \frac{GM_\odot}{c^2} \approx 1.4\,{\rm km} \qquad (2.5)$$

となる．実際には，相対論的になるともはや重力を支えることができなくなる．(2.5)の半径は太陽質量の星がブラックホールとなるシュバルツシルド半径の 1/2 の値である．したがって，中性子星の圧力は中性子の相対論的縮退圧力にまでいたらず，核同士の力による圧力で決まっている．標準的な中性子星の半径は 10 km，密度は $2{\times}10^{14}$ g/cm^3 程度である．角砂糖のサイズで全人類の体重を合わせた重さになる．おどろきだ．

2.3　太陽の内部構造と状態方程式

太陽のように長い年月にわたり定常に輝きつづける星は主系列星と呼ばれ，その輝く時間は重い星ほど短い．太陽の内部構造は図 1.3 に示したようになっている．この場合は，縮退星のように簡単に内部構造を求めることはできない．

一般に，圧力 P は密度 ρ だけでなく温度 T の関数でもある．この関係

$$P = P(\rho, T) \tag{2.6}$$

を**状態方程式**(略称：EOS)という．圧力は統計力学的には自由エネルギーの偏微分で定義される物理量であり，内部エネルギーと独立に決まるものではない．縮退星の場合は状態方程式の温度依存性を無視することができたので，簡単に構造を求めることができた．しかし，太陽の内部構造を求めようとすると温度の効果を無視することはできず，まず，太陽内部のプラズマの状態方程式がどのようになっているかの研究から始めなければならない．これだけでも大変なことである．さらに，温度の空間分布を決めるための新たな関係式が必要になる．流体のエネルギー式の定常解を求める必要がある．エネルギー式には中心部での核融合によるエネルギーの発生，X 線などによるエネルギーの輸送，対流による輸送を数式で表現して解く必要があり，この本の領域を超えてしまうので，説明はここまでとする．

図 1.3 に示した太陽の構造が平衡かつ安定であることは以下のような考察からわかる．もし，太陽が少し収縮したとしよう．すると，中心部は圧縮され温度が上昇する．核融合反応は温度

に敏感で，温度が上昇すると核融合で発生するエネルギーは急激に増大し，中心部の圧力が上昇する．この圧力の上昇が縮んだはずの太陽を膨張させる．表面がふくらんだ場合は逆のことが起こり，やはり安定であることがわかる．このようにして太陽は 100 億年にわたり，平衡状態を保ちつづけるのである．

2.4 磁化プラズマの平衡とベータ値

実験室にプラズマを閉じ込める際，天体と同じように重力で閉じ込めることができるなら，いとも簡単である．ところが，重力定数はきわめて小さく，重力は働かないに等しい．これに対し，プラズマの温度が 10 keV で密度が $10^{14}/\mathrm{cm}^3$ として，その圧力は 1.6 気圧である．したがって，地上にミニチュアの星を実現するためには別の力によるプラズマの閉じ込めが必要になる．まずは，磁場の力で閉じ込める場合を考えよう．

磁場閉じ込めプラズマの簡単な例を示す．プラズマは荷電粒子の集まりであり，電流が流れ，磁場と結合している．そのようなプラズマを記述するもっとも簡単な方程式を**磁気流体方程式**(MHD 方程式)という．この流体方程式は当然，マックスウェル方程式と連立して解く必要がある．付録 A.1 にマックスウェル方程式を，付録 A.3 に電子とイオンの二流体方程式の説明を付けた．

今，定常で電荷中性を仮定し，(A3.3)と(A3.4)式の和をとる．すると，$n_\mathrm{i}T_\mathrm{i}+n_\mathrm{e}T_\mathrm{e}=P$ としてつぎの平衡プラズマに関する関係式を得る．

$$\boldsymbol{j} \times \boldsymbol{B} - \nabla P = 0 \qquad (2.7)$$

(A1.2)で変位電流を無視して(2.7)式に代入すると

$$\nabla\left(P + \frac{B^2}{2\mu_0}\right) = \frac{1}{\mu_0}(\boldsymbol{B} \cdot \nabla)\boldsymbol{B} \qquad (2.8)$$

となる．$\boldsymbol{j} \times \boldsymbol{B}$ による力は(2.8)式の左辺の**磁気圧力**と右辺の**磁気張力**の 2 成分よりなることがわかる．

磁場閉じ込めとは基本的に磁気圧力でプラズマを閉じ込める方法である．プラズマの圧力 P と磁場の圧力 $W_{\mathrm{B}} = B^2/(2\mu_0)$ の比はプラズマの**ベータ値**(β) と呼ばれ

$$\beta = \frac{P}{W_{\mathrm{B}}} \qquad (2.9)$$

で定義される．β の値が十分小さい時，低ベータといい，大きい時，高ベータという．基本的に以下に説明する磁場閉じ込めプラズマでは平均的なベータ値は十分 1 よりも小さく(数%)，磁場の圧力でプラズマを閉じ込めるように設計されている．

■2.5　磁場閉じ込め核融合

磁場で閉じ込めるもっとも簡単な方法は図 2.2 のように円筒状のプラズマに電流を流し，それで作られる磁場の圧力でプラズマを閉じ込めることである．この方法は磁場核融合研究のもっとも初期におこなわれた方法であり，このようなプラズマを**ピンチ・プラズマ**という．

制御核融合の研究は 1950 年代に本格的に開始された．初期の装置がピンチ放電と呼ばれる方式で上記のようにプラズマを閉じ込める装置であった．これは，ガラスまたはセラミックスの

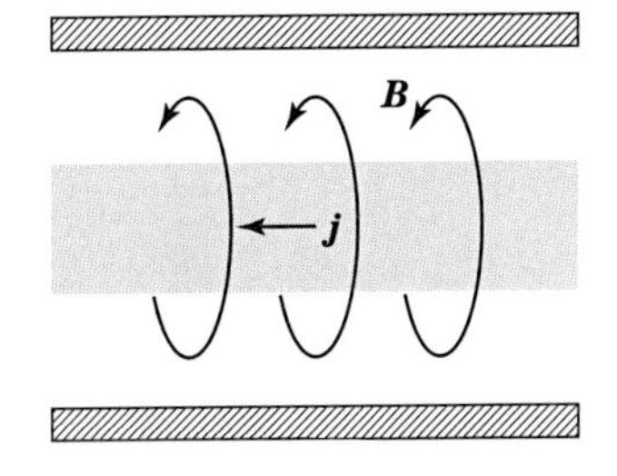

図 2.2　核融合研究の黎明期に登場した直線ピンチ・プラズマ装置の概念図.

円筒容器の両端に高電圧を印可し，電流を流すことにより図 2.2 のような平衡プラズマを保持するとともに，ジュール加熱(第 5 章で説明)により高温の核融合プラズマを実現しようというものであった．当初の計画では 1 メガアンペア(10^6 A)程度の電流を流すとプラズマの温度が 10 keV にまで達し，核融合反応が期待できる見込みであった．さっそく，旧ソ連のクルチャトフ研究所で 200 kA の装置を作り重水素プラズマを用いて中性子が計測された．

同時期，英国でも ZETA(ゼータ)と呼ばれるピンチ放電で中性子が確認された．しかし，温度を計測してみると予想よりかなり低い値で，局所的に発生した電場で加速されたイオンが核融合反応をして中性子が発生していることがわかった．図 2.2 のような装置は直線ピンチ(Z ピンチ)と呼ばれる．これに対して電流と磁場の配位を交換しても(2.7)の平衡条件を満たすことができる．このような装置はテータ(θ)ピンチと呼ばれている．図 2.2 の配位のピンチ・プラズマは平衡ではあっても安定ではなく，ソーセージやキンクなどと呼ばれる変形で壊れてしまうことがわかった．

10 keV にも加熱されたプラズマでは，たとえば，重水素イオンの熱速度は 10^3 km/s にもなる．したがって，核融合反応を十

図 2.3　環状プラズマの生みの親，スピッツァー博士(1914-1997)．博士はプラズマ宇宙物理の創始者としても名高い．(写真：American Physical Society)

分起こすためにプラズマを 1 秒間閉じ込めようとすると，図 2.2 の円筒の長さは 1000 km にもなり非現実的である．そこで，円筒の形をドーナツ状にすることにより，磁場に巻き付いたプラズマを無限軌道上に閉じ込めることができる．このような形状を学術用語で**トーラス**と呼ぶ．1951 年，プリンストン大学の**スピッツァー**教授(図 2.3)はステラレータ(「星を実現する装置」の意味)というトーラス状の装置を考案し，翌年には装置を制作し実験を開始した．

当初の核融合研究は機密研究であり，公表されることなく進められた．独立に，旧ソ連では第 1 章に書いたようにサハロフを中心にトカマクの原型が考案され実験が進められた．サハロフによると，1951 年 2 月 16 日，アルゼンチンのペロン大統領が「核融合のエネルギー取り出しに成功した」と世界に宣言したことから，スターリンがトカマクの計画にすぐにサインしたそうである．スピッツァー教授も研究の発端がこのデマ情報であったと回想している．当初，機密研究として始まった磁場核融合研究もまず，**クルチャトフ**が 56 年に英国ハウエルで開催された国際会議で旧ソ連の研究内容を公開し，その後，米国も 58 年に研究の秘密の解除をおこない，冷戦下での東西両陣営の研究交流が始まった．

ITER に代表されるトカマク装置では，プラズマはトーラス状に流れるプラズマ電流による磁場に加え，トーラスに巻かれたコイルで作られる電流方向の磁場との合成磁場で閉じ込められる．磁場に巻き付いた荷電粒子はトーラスの内と外を通過することにより，図 1.8 に示したような電荷分離をさけることができる．また，遠心力による不安定を押さえるために，トーラス内の磁場の方向が断面の半径の関数でねじれる（磁気シアと呼ぶ）ように設計されている*．

2.6 慣性閉じ込め核融合

レーザー核融合に代表される慣性閉じ込め核融合では，プラズマを平衡状態に保つことなく，動的なプラズマの中できわめて短い時間の間に核融合を終えてしまう．レーザー核融合のシナリオを図 2.4 に示す．核融合燃料を充填した直径 5 mm ほどのプラスチック球に高強度のレーザーを照射する．レーザーの強度は 10^{15} W/cm^2 程度である．100 W の白熱球の表面で 10 W/cm^2 程度であることからも，いかに高強度か想像できよう．このような強度のレーザーをプラスチック球に当てると，レーザーの電場で電離し，プラズマが生成される．さらにプラズマ中の電子がイオンとの衝突を介してレーザーのエネルギーを吸収し，1 keV 以上の温度のプラズマができる．このプラズマは外方の真空中に音速程度の速度で噴射し，その反作用で燃料球

* わが国の大型磁場閉じ込め装置については，次のホームページを参照．日本原子力研究所 JT-60 トカマク；http://www-jt60.naka.jaeri.go.jp/，核融合科学研究所大型ヘリカル装置；http://www.lhd.nifs.ac.jp/jindex.html

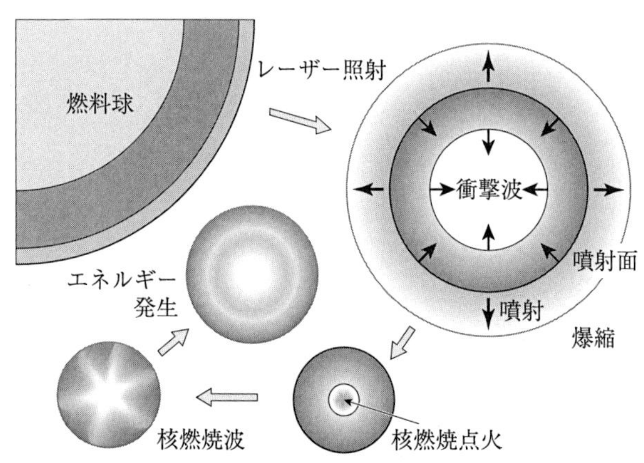

図 2.4 レーザー核融合の物理シナリオ．直径 5 mm 程度の燃料球に多数のレーザーを均一に当て，その際生じる 1 億気圧の圧力で爆縮し，中心部に高温の点火部を形成し，点火部からの核燃焼波で瞬時に核融合を起す．

の中に強い衝撃波ができ，球殻は中心に向かって加速される(図 2.4 参照)．

中心で燃料殻が衝突した際，高密度(固体密度の 1000 倍(200 g/cm^3)以上)で核融合点火温度 10 keV の爆縮された燃料球核が形成される．この燃料は慣性力により飛び散るのに有限の時間を要する．最大圧縮時の半径を R，音速を C_s として，その時間 τ は $\tau=R/C_\mathrm{s}$ 程度である．この時間が慣性による閉じ込め時間であり，ナノ秒(10^{-9} 秒)より短い．しかし，密度がきわめて高いことから核反応時間もこの時間より短くなり，十分な核反応が起こる．このような過程を 1 秒間に 10 回程度繰り返し，核融合エネルギーを定常的な電気エネルギーに変換しようというのが慣性核融合発電である．ただし，上記のシナリオの物理過程が球対称を保ちながら進行するかどうかという，爆縮のダイナミックスの安定性の問題が重要な研究課題となる．わが国では大阪大学レーザー研で爆縮実験がおこなわれている*.

米国ではITERに対抗するかのように巨大なレーザー核融合装置が建設中である．**NIF**(国立点火装置)と呼ばれる192本のレーザー装置であり，1本のレーザーの断面が40 cm×40 cmという巨大さである．このレーザーは約10ナノ秒の間に1.8メガ・ジュール(1.8×10^6 J)の光のエネルギーを数mmの燃料球に照射する．1トンの車が時速70 kmで走っている時の運動エネルギーと同じ値である．これを熱のエネルギーとしてmm空間に閉じこめるのであるから，いかに高温状態が実現するか想像できるであろう．ただし，米国のNIF装置は国家の核安全保障(National Nuclear Security)の予算で建設されており，科学を基礎とした核兵器の維持管理のプロジェクト(略称：SBSS)の一部であり，その主な目的は地下核実験に替わる核融合燃焼波を実験室に実現することにある**.

---

* http://www.ile.osaka-u.ac.jp/

** 米国リバモア研のNIFに関するWebサイトは http://www.llnl.gov/nif/

3

プラズマ中の波動

平衡状態にあるプラズマに擾乱（じょうらん）が生じた際，その擾乱のエネルギーは波動として伝搬していく．プラズマ中の縦波，横波の代表例を紹介する．また，外部磁場がある場合のアルフベン波とは何かなど，波動の力学機構を直観的に説明する．波の分散性と非線形性が拮抗して形成されるソリトンや，そこに，散逸機構が存在する場合の無衝突衝撃波について説明する．

■3.1 平衡と波動

平衡状態にあるプラズマにわずかな擾乱が生じた時，プラズマはどのようなふるまいを示すだろうか．まず，イメージをつかむために例を挙げよう．身近な例では，地震である．たとえば，阪神・淡路大震災では地下 16 km の活断層の歪みが大きくなり，長い年月にわたって蓄えられていた力学的なエネルギーが一挙に開放された．すると，地球の中を地震波という波動の形態でエネルギーを広い空間に伝搬させることになる．波動現象とは，平衡にあるプラズマ中の局所に擾乱が生じた際，そのエネルギーを輸送するプラズマの連続体としての集団現象である，といえる．プラズマの場合，平衡状態が安定でない場合，わずかな擾乱の発生は波動を励起すると同時に，波動は不安定となり，閉じ込めたはずのプラズマは破壊されてしまう．不安定についてはつぎの章で説明する．

地震波にも縦波のＰ波と横波のＳ波がある*ように，一般に波動には，変位(振動)の方向が波の伝搬方向と同じである縦波と，垂直である横波がある．また，波動はエネルギーだけでなく運動量も輸送するため，星形成やコンパクト星の周りでの降着円盤の角運動量を磁場を介したアルフベン波が運ぶなど，多様な物理現象の背景にある物理機構を理解するうえで重要である．外部磁場がない場合のプラズマ中の波動の数は限られており，以下に重要な波動を紹介する．しかし，外部磁場の存在する場合，波動の種類はきわめて多くなり，煩雑になるので，この本ではもっとも重要なアルフベン波について紹介するに止める．

3.2 音 波

まず，中性ガスや流体の中を伝搬する音波について考えよう．喋ることにより人間は互いの気持ちを伝えあってきた．喋るとは物理的には，声帯膜の開け閉めを通して，圧力波を発することである．その圧力波は，密度の疎密をともないながら空気中を伝搬し，相手の鼓膜を振動させる．その振動を脳細胞はスペクトル分解し，音色や強弱，高さから，言語の内容と相手の感情までくみ取るようになっている．

簡単に音波の関係式を導出してみよう．付録の(A2.1),(A2.5)

* 地震波の説明；http://plaza22.mbn.or.jp/~islay/seismology/Wave.htm

で，外場は無視し，

$$\rho=\rho_0+\rho_1\ ,\quad \boldsymbol{u}=u_1\boldsymbol{i}_x \tag{3.1}$$

のように，x 方向に平面波で音波が伝搬していると仮定する．加えて，ここで，線形波動を仮定し，振幅が十分小さく，波動にともなう物理量の 1 次の項(下付きの添え字“1”がついた項)だけの関係式を考える．すると，関係式は $P=P(\rho)$ であると仮定して，線形化された(A2.1),(A2.5)式から ρ_1 を消去することにより速度擾乱 u_1 に対する以下の波動方程式を得る．

$$\left(\frac{\partial^2}{\partial t^2}-V_{\rm s}^2\frac{\partial^2}{\partial x^2}\right)u_1=0 \tag{3.2}$$

ただし，ここで，$V_{\rm s}=({\rm d}P/{\rm d}\rho)^{1/2}$ であり，音速を示す(空気の音速は約 340 m/s)．この方程式が一般に

$$u_1=f(x-V_{\rm s}t)+g(x+V_{\rm s}t) \tag{3.3}$$

の形の解をもつことは容易に証明できる．ここで，f, g はどのような関数であってもよい．(3.3)より，どこかで圧力が変動し流体の運動が起こるとその擾乱が速度 $V_{\rm s}$ で左右に伝搬していくことがわかる．

■3.3 イオン音波

さて，プラズマの場合を考えよう．荷電粒子ガスの音波に相当するのがイオン音波である．通常の音波に似ているが，この節と 3.7 節で説明するように異なる性質も現われる．イオン音波はイオンの波動運動に電子が電場を介して追従する現象である．基礎式は付録(A3.1)と(A3.3)に加え，電子の運動の式(A3.4)で

慣性項(m_e に比例する項)を無視したもの

$$-\nabla P_e - e n_e \boldsymbol{E} = 0 \qquad (3.4)$$

を用いる．電子は軽いため，ゆっくりした運動では慣性項を無視できる．波長が十分長いときは，電子とイオンの密度分布はほぼ等しいと仮定(これをプラズマ近似と呼ぶ)できて，(3.4)より電場を(A3.3)に代入することにより以下の式を得る．

$$m_i n_i \frac{\partial}{\partial t} \boldsymbol{u}_1 = -\nabla (P_i + P_e) \qquad (3.5)$$

電場の効果は，イオンが電場を介して電子の圧力を受けることを示す．これ以外は，中性ガスの分子の質量をイオンの質量と見なすと基礎式は同じである．したがって，(3.2)に対応するイオン音波の波動方程式を導くことができ，その結果，イオン音波の伝搬速度を C_s として，

$$C_s^2 = \frac{\partial}{\partial \rho}(P_i + P_e) = \frac{\gamma T_i + T_e}{m_i} \qquad (3.6)$$

を得る．ここで，イオンは断熱的，電子は等温的と仮定し，イオンの比熱比を γ とした．実験室で生成したプラズマでは $T_i \ll T_e$ の場合がしばしばある．例えイオン温度がゼロでも，イオン音波は電子の圧力で伝搬することに注意しよう．

■3.4 電子プラズマ波

プラズマ特有の波動がこの電子プラズマ波である．これは，電子ガスが電場を介して相互作用することにより生じる波である．イオンは静止していると考えると，電子流体に対する(A3.2)，(A3.4)とポアソン方程式(A1.3)が基礎式である．ここで

$$n_{\mathrm{e}}=n_0+n_1\ ,\quad \boldsymbol{u}_{\mathrm{e}}=u_1\boldsymbol{i}_x\ ,\quad \boldsymbol{E}=E\boldsymbol{i}_x\ ,\quad n_{\mathrm{i}}=n_0 \tag{3.7}$$

のような線形擾乱を仮定し，線形化した式を求めると，

$$\frac{\partial}{\partial t}n_1+n_0\frac{\partial}{\partial x}u_1=0 \tag{3.8a}$$

$$\frac{\partial}{\partial t}u_1=-\frac{e}{m_{\mathrm{e}}}E-\frac{1}{m_{\mathrm{e}}}\frac{\partial P_{\mathrm{e}}}{\partial n_{\mathrm{e}}}\cdot\frac{\partial}{\partial x}n_1 \tag{3.8b}$$

$$\varepsilon_0\frac{\partial}{\partial x}E=-en_1 \tag{3.8c}$$

を得る．

まず，電子温度 $T_{\mathrm{e}}=0$ の場合を考えよう．すると，(3.8b)右辺第 2 項の電子による圧力の効果がなくなるため，関係式は以下の簡単な式になる．

$$\frac{\partial^2}{\partial t^2}n_1=-\omega_{\mathrm{pe}}^2 n_1 \tag{3.9a}$$

$$\omega_{\mathrm{pe}}^2=\frac{e^2 n_0}{\varepsilon_0 m_{\mathrm{e}}} \tag{3.9b}$$

これは，単振動の方程式であり，固有振動数 ω_{pe} は**電子プラズマ振動数**と呼び，プラズマ物理学でもっとも基本的な物理量である．

以下，煩雑な偏微分方程式の連立方程式を変形していく代わりに，波動が波数 $\boldsymbol{k}$，振動数 ω をもつ単色波の場合を考えよう．線形波動には重ね合わせの原理が適用できるので，$\boldsymbol{k}, \omega$ に関する関係式がわかれば一般論が展開できる．線形化された方程式ですべての物理量の空間時間依存性が $\exp[\mathrm{i}(kx-\omega t)]$ に比例すると考える．すると，微分演算子はつぎのような代数演算子に置き換えることができる．これはフーリエ-ラプラス変換に対応する．

$$\frac{\partial}{\partial t} \Rightarrow -\mathrm{i}\omega\ , \quad \frac{\partial}{\partial x} \Rightarrow \mathrm{i}k \qquad (3.10)$$

有限の電子温度の場合について，これを(3.8)の 3 つの関係式に適用すると以下の関係式が得られる

$$\omega^2 = \omega_{\mathrm{pe}}^2 + 3v_{\mathrm{e}}^2 k^2 \qquad (3.11)$$

このような波動の ω と k の関係式を**分散関係式**という．(3.11)の波を**電子プラズマ波**とか発見者にちなんでボーム・グロス波と呼んでいる．電子プラズマ波では 1 次元方向に断熱的に圧縮膨張が起こることから(3.8b)では $\mathrm{d}P_{\mathrm{e}}/\mathrm{d}n_{\mathrm{e}}=3T_{\mathrm{e}}/m_{\mathrm{e}}=3v_{\mathrm{e}}^2$ とした．

$T_{\mathrm{e}}=0$ の際は圧力による空間的な振動の連関がないために，(3.9)のように波数に関係なく振動数は一定であった．ところが，圧力の効果により波数依存性が現われ，有限の群速度($\mathrm{d}\omega/\mathrm{d}k$)が現われ，波のエネルギーが空間的に運ばれることになる．

■3.5 プラズマ中の電磁波

ファラデーの実験ノートから電磁場の関係式を連立微分方程式に帰結させたのがマックスウェルであり，彼はその方程式を解いて電磁波の存在を予言した*．(A1.1)～(A1.4)の式を真空中で解くことにより**電磁波の波動方程式**が得られ，

$$\omega^2 = c^2 k^2 \qquad (3.12)$$

の分散関係式に帰着する．いわゆる，光円錐を与える関係式である．プラズマ中を伝搬する電磁波はどのような分散関係をも

* エミリオ・セグレ著，久保亮五・矢崎裕二訳『古典物理学を創った人々』みすず書房，1992 年，の第 4 章を参照．

つだろうか.

プラズマ中を電磁波が伝搬する際，電磁波の電場により電子が振動し，電流が流れる．横波であるから密度の擾乱は生じない．電子に対する運動方程式を解くことにより電流は電磁波の電場 $\boldsymbol{E}$ の関数として

$$\boldsymbol{j} = \mathrm{i}\frac{e^2 n_0}{\omega}\boldsymbol{E} \tag{3.13}$$

と書ける．この電子電流による寄与を含めると，(A1.2)式の右辺は以下のようになる．

$$\boldsymbol{j}+\frac{\partial \boldsymbol{D}}{\partial t} = -\mathrm{i}\omega\varepsilon_0\left(1-\frac{\omega_{\mathrm{pe}}^2}{\omega^2}\right)\boldsymbol{E} \tag{3.14}$$

$\omega_{\mathrm{pe}}=0$ である真空中では(3.12)になったことから，(3.12)の ω^2 に(3.14)の括弧内の項をかけることによりプラズマ中での電磁波の分散関係式が求まる．

$$\omega^2 = \omega_{\mathrm{pe}}^2+c^2k^2 \tag{3.15}$$

この分散関係式を図 3.1 に示す．

振動数 ω がプラズマ周波数 ω_{pe} より低い電磁波はプラズマ中を伝搬することができない．この周波数($\omega=\omega_{\mathrm{pe}}$)をカット・オフ周波数，それに対応する電子密度を**カット・オフ密度**とか臨界密度という．カット・オフによる電磁波の反射は，直観的にはつぎのように考えればよい．(3.14)のプラズマ電流による $\boldsymbol{j}$ の項は変位電流の項と逆位相でカット・オフ密度の時($\omega=\omega_{\mathrm{pe}}$)，ちょうど打ち消しあう．そのために(A1.2)より，磁場が作られず，電場も消えてしまうことになる．別の言い方をすれば，(3.13)の電子電流で作られる電磁波が入射電磁波の前方，後方に進む電磁波を新たに作り，前方に進む波が入射電磁波の波と位相が 180

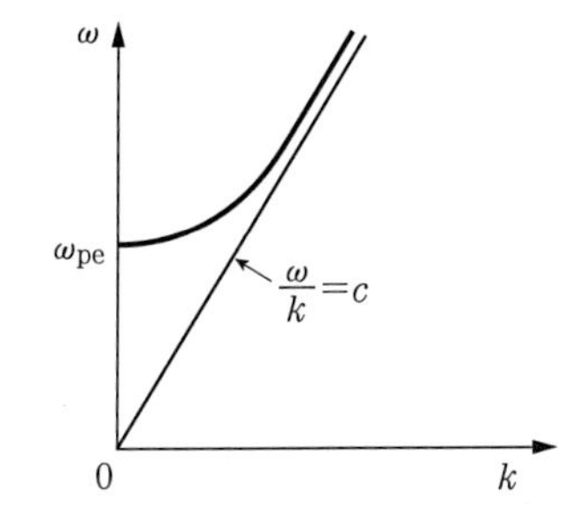

図 3.1 プラズマ中の電磁波の分散曲線．プラズマ中では ω_{pe} より低周波の電磁波は伝搬できない．

度ずれて，振幅が同じため，干渉により消えてしまう．そして，同じ振幅の電磁波が後方に放射され，これが反射波となる．

地上から上空に向けて放射されたラジオ波は 2 MHz 程度までは**電離層**の E 層(100 km)で，10 MHz 程度までは F 層(200 km)で反射される．この反射の性質を利用して周波数を変えながら，パルスが往復する時間を計ることで，電離層の電子密度の分布が計測できる*．

スペースシャトル等が宇宙空間から地球大気に帰還する際，宇宙船の先頭部の大気は強い衝撃波により加熱され，部分電離する．したがって，宇宙船は高密度のプラズマに包まれ，地上の管制塔との通信ができなくなる．宇宙での事故から奇跡的に生還したアポロ 13 号はトム・ハンクス主演の映画でも有名である．映画の最後の場面，3 分程度と予測されていたこの沈黙の時間を過ぎても連絡がなく，見る人をはらはらさせる．そして，ずいぶんたったころ「こちらアポロ 13 号」と管制塔に声が流れ，皆の歓喜の声がこだまする**．

* 電離層については，http://www2.crl.go.jp/dk/c233-235/ の IONOSPHERE をクリック．

** 興味のある方はヘンリー・クーパー Jr. 著，立花隆訳『アポロ 13 号 奇跡の生還』新潮文庫，1998 年，を参照．

3.6 アルフベン波

外部磁場が存在する場合の横波でイオン運動が原因による波にアルフベン波がある．アルフベン波は磁場が(2.8)の右辺の張力をもつことから，直観的に以下のような波動であることが理解できる．直線状の外部磁場には電子とイオンが凍結してサイクロトロン運動をしている．その磁場を図 3.2 のように歪ませると，張力により磁場は真っ直ぐになろうとする．しかし，巻き付いたイオンが重いため，この慣性力で磁力線は振動運動する．それが波動として伝搬するのがアルフベン波である．波は弦の方向(磁場方向)に伝搬するので横波になる．

アルフベン波の分散関係式を上記の直観的な説明をベースに導出しよう．磁場の単位体積あたりのエネルギー W_{B} は $W_{\mathrm{B}}=B_0^2/(2\mu_0)$ である．この磁場が図 3.2 のように正弦波状に変位し，その振幅を $\xi_0(t)$ とすると，1 波長(λ)あたりの磁場のエネルギーの増大 δW_{B} は磁場の長さの伸び δl をかけて以下のように得られる．

$$\delta W_{\mathrm{B}} = \frac{B_0^2}{2\mu_0}\delta l \tag{3.16}$$

磁場の長さの伸びは，正弦波の変位を $\xi(x,t)=\xi_0(t)\sin(kx)$ とおくことにより

$$\delta l = \int_0^{\lambda}\sqrt{1+\left(\frac{\partial\xi}{\partial x}\right)^2}\,\mathrm{d}x-\lambda = \frac{1}{4}(k\xi_0)^2\lambda \tag{3.17}$$

のように求まる．

いっぽう，$\xi(x,t)$ のように変位する磁場に凍結したイオンの運動エネルギー δW_k は 1 波長あたり

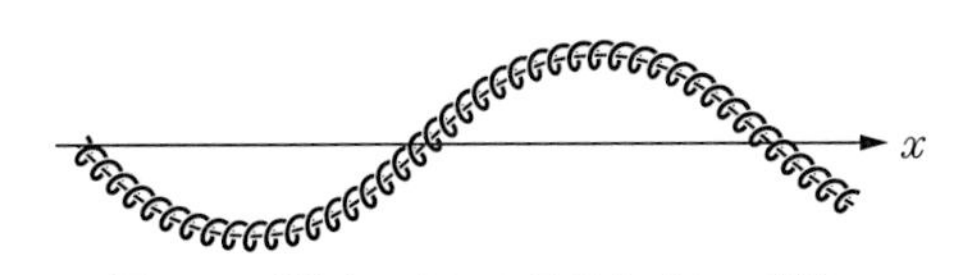

図 3.2 磁場中に生じた擾乱を示す．磁場の張力で真っ直ぐになろうとするが，磁場に巻き付いたイオンの慣性で振動運動になる．それはアルフベン波として伝搬する．

$$\delta W_k = \int_0^\lambda \frac{1}{2}\rho(\dot{\xi})^2 \mathrm{d}x = \frac{1}{4}\rho(\dot{\xi_0})^2\lambda \tag{3.18}$$

となる．ρ は質量密度，上付のドットは時間微分を示す．$\xi_0(t)$ を一般化座標と見なせば，ラグランジアン $L{=}\delta W_k{-}\delta W_{\mathrm{B}}$ を定義することができ，L に対するラグランジュ方程式を解くことにより，以下の分散関係式を得ることができる．

$$\omega^2 = (kV_{\mathrm{A}})^2 \ , \quad V_{\mathrm{A}} = \sqrt{\frac{B_0^2}{2\mu_0\rho}} \tag{3.19}$$

ここで V_{A} は**アルフベン速度**と呼ばれる．ギターの弦などと同じように，弦が重い(ρ が大)ほど低音(ω が小)になり，弦の張力が強い(磁場が強い)ほど高音(ω が大)になる．直観的なイメージに一致する．

■3.7 イオン音波の分散性と非線形性

3.3 節でイオン音波の説明をした際，電子密度とイオン密度は等しいとするプラズマ近似の仮定をして，ポアッソン方程式を解くことをしなかった．ところが，波長が短くなるとこの近似は成立しなくなり分散関係式も $\omega^2{=}C_{\mathrm{s}}^2k^2$ からずれてくる．結果として以下に説明する波の**分散性**が現われ，特異な波動現象がみられることになる．

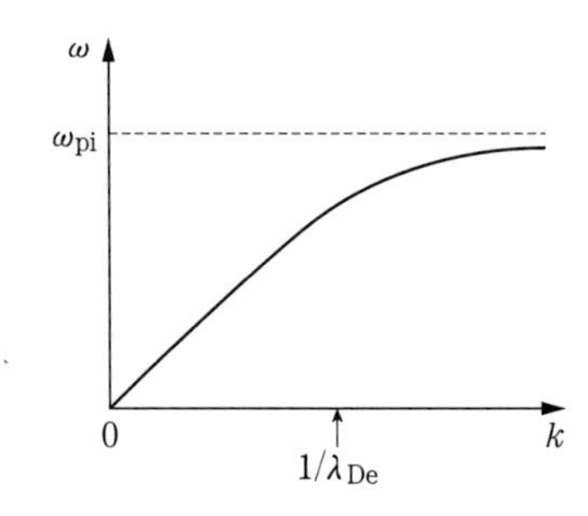

図 3.3　イオン音波の分散曲線. 波数 $k=k_{\rm De}$ $(=1/\lambda_{\rm De})$ のあたりで電荷分離の効果で振動数が飽和しはじめる.

ポアッソン方程式(A1.3)を加えて線形化された方程式群を解くと，分散関係式は

$$\omega^2=\frac{1}{m_{\rm i}}\left(\gamma T_{\rm i}+\frac{T_{\rm e}}{1+k^2\lambda_{\rm De}^2}\right)k^2 \tag{3.20}$$

となる.

(3.20)式の分散曲線を図 3.3 に示す(ただし $T_{\rm i}=0$ とした). 波長がデバイ長程度になると，イオン音波は通常の音波とは異なる性質をもち，波長によって位相速度が異なるようになる. この場合は短波長ほど位相速度が遅くなる. このように，波長により位相速度が異なるような波動を分散性波動と呼んでいる. また，振動数は $\omega=\omega_{\rm pi}=(e^2n_0/\varepsilon_0m_{\rm i})^{1/2}$ より高くならない. $\omega_{\rm pi}$ は**イオンプラズマ周波数**と呼ばれ(3.9b)式の電子質量をイオン質量で置き換えた値になっている. つまり，物理的なイメージは同じで，短波長の極限では電子は熱運動が支配的で密度が均一となり，イオンのみが電子プラズマ振動の場合と同じように振動しているだけのモードになっている.

今まで，線形な波動だけを考えてきた. 波の振幅が大きくなると**非線形性**が現われてくる. イオン音波の場合，まず，重要となってくる非線形性は(A3.3)の左辺第 2 項の対流項である. 数式の導出が複雑なので，直観的に基礎式を導出するために，右

方向に伝搬するイオン音波を考えよう．この場合の線形な分散関係は(3.20)式で ω の＋符号の解をとればよい．また，$T_{\rm i}=0$ と仮定し，$k\lambda_{\rm De}$ が十分1より小さいとして(3.20)の右辺の括弧の中をテイラー展開し，第1項まで残すと，右伝搬の単純波に関する線形波動の分散関係は

$$\omega = C_{\rm s}k - \frac{1}{2}v_{\rm e}\lambda_{\rm De}k^3 \qquad (3.21)$$

となる．ここで，k, ω を(3.10)の逆操作をして微分方程式に書き直し，非線形項である対流項を書き加えたイオン波に関する運動方程式を書き下せば，イオン波による速度擾乱を u として

$$\frac{\partial}{\partial t}u + (u + C_{\rm s})\frac{\partial}{\partial x}u = \alpha\frac{\partial^3}{\partial x^3}u \qquad (3.22)$$

となることは明らかである．ここで，$\alpha = 1/2(v_{\rm e}\lambda_{\rm De})^2$ であり，定数である．

(3.22)式は **K-dV**(Korteweg-deVries：コルトヴェーク-ド・フリース)**方程式**と呼ばれ，元来，浅い水路の水面波の波高に関する方程式として1859年に上記の2人により導出された方程式である．

K-dV 方程式は**ソリトン**(孤立波)の解をもつことが知られている．ソリトンはプラズマ中でしばしば観測される波動の形態であり，1960～1970年代にプラズマ物理の分野を中心に精力的に研究された．ソリトンはそれ自体の情報をソリトン同士の衝突などを介しても失わず，安定に存在し伝搬することが知られている．したがって，その概念は現在では「ソリトン通信」や「素粒子のソリトン模型」など幅広い分野に導入されている．最新の例では2003年，大阪大学の中野教授のグループが5つのクォークでできたペンタクォークを発見したが，これはカイラ

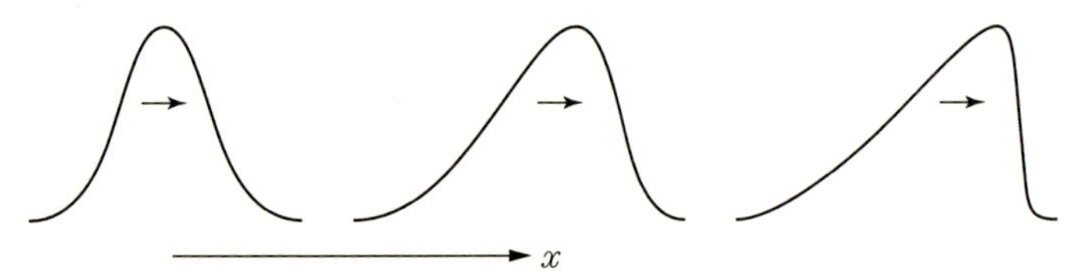

図 3.4 イオン音波に対流項による非線形性を考えた場合の音波パルスの伝搬の様子．波高の高いところは速い速度で伝搬するために波の突っ立ちがおこる．

ル・ソリトン模型としてロシアの研究者により理論的に予言されていた．

(3.22)の右辺が分散性の項である．この式は解析的に解けるが，複雑なので解くことはやめて，ソリトンとはどういうもので，(3.22)がソリトン解を与えそうだということの説明を以下でするだけに止める．まず，非線形項の働きを考えよう．いま，波動が図 3.4 のようなガウス型の速度分布をもちながら右方向に伝搬しているとしよう．すると，非線形項を含む(3.22)の伝搬速度は分布の頂上が一番速くだんだん右のように突っ立ってくる．突っ立ってくるということはフーリエ分解すればわかるように短波長の成分が増えてくることを意味する．ところが，(3.22)式の右辺の分散項は先に説明したように短波長の波の位相速度を遅らせる．つまり，非線形項で波が突っ立とうとするのを分散項が防いでくれる．このように 2 つの項の拮抗によってガウス分布に近い波形(ソリトン)が安定に伝搬するのである*．

* 次の Web サイトにソリトンの解説写真がある；http://math.cofc.edu/faculty/kasman/SOLITONPICS/default.html

■3.8 ソリトンと無衝突衝撃波

イオン音波ソリトンについて簡単に説明したが，大振幅のイオン音波について基礎方程式に戻って考えよう．イオンに対する連続の式，運動の式は(A3.1),(A3.3)をそのまま用いる．ポアッソン方程式も(A1.3)を用いる．電子については(A3.4)式の慣性項を無視して，静電ポテンシャル ϕ を導入すれば

$$n_\mathrm{e} = n_0 \mathrm{e}^{e\phi/T_\mathrm{e}} \tag{3.23}$$

と求まる．これらを線形化($|e\phi/T_\mathrm{e}| \ll 1$ として展開)し，求めた分散式が(3.20)であることに注意しよう．

速度 $-U$ で進む座標系での上記の方程式群の1次元定常解を求める．ここで，$U>0$ とし，前節とは反対に，慣習に従い波は左に伝搬しているとする．簡単のためイオンの温度はゼロ($P_\mathrm{i}=0$)とする．速度 U での物理量を $n_\mathrm{i}(x)$, $u_\mathrm{i}(x)$, $\phi(x)$ とすると，(A3.1),(A3.3)の定常解として以下の関係式が成り立つ．

$$n_\mathrm{i} u_\mathrm{i} = n_0 U \ , \quad u_\mathrm{i}^2 = 2\frac{e\phi}{m_\mathrm{i}} + U^2 \tag{3.24}$$

ここで，積分定数として無限上流で $u_\mathrm{i}=U$, $n_\mathrm{i}=n_0$, $\phi=0$ と置いた．(3.24)の関係から，イオン密度はポテンシャル ϕ のみの関数で表わせる．

$$n_\mathrm{i} = \frac{n_0}{\sqrt{1-2e\phi/m_\mathrm{i}U^2}} \tag{3.25}$$

これをポアッソン方程式に代入することにより，ポテンシャル ϕ に関する以下の非線形微分方程式を得る．

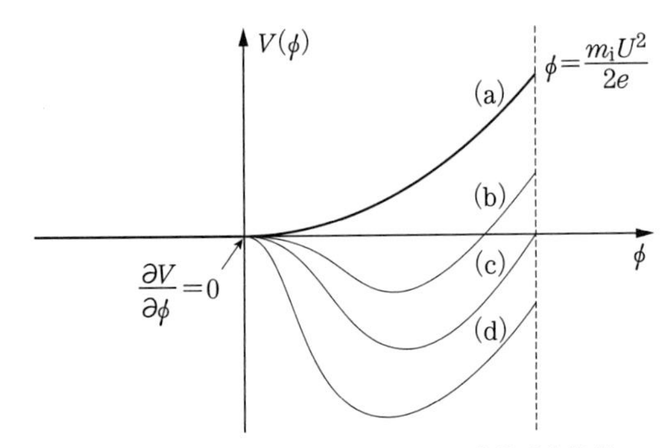

図 3.5 イオン音波に対する K-dV 方程式を伝搬する系に乗っかった時の定常解は 2 階の微分方程式となり，数式の上では図のようなポテンシャルの中での質点の運動に模して波の形状を議論できる．(a)〜(d)は伝搬速度 U を大きくしていった時の様子．

$$\varepsilon_0 \frac{\partial^2}{\partial x^2}\phi = en_0\left(\frac{1}{\sqrt{1-2e\phi/m_\mathrm{i}U^2}}-\mathrm{e}^{e\phi/T_\mathrm{e}}\right) \qquad (3.26)$$

この方程式は座標 x を時間 t，ポテンシャル ϕ を質点の座標 ξ と置き換えると，以下のようなポテンシャル場の中での質点の 1 次元運動の方程式になっていることがわかる．

$$\frac{\mathrm{d}^2\xi}{\mathrm{d}t^2} = -\frac{\mathrm{d}}{\mathrm{d}\xi}V(\xi) \qquad (3.27)$$

ただし，ポテンシャルの形は定常波の伝搬速度 U をパラメータとして含む．

U を変えたときのポテンシャルの形状を図 3.5 に示す．このポテンシャルは発見者にちなんで **Sagdeev ポテンシャル**と呼ばれている．図で(a)に相当するのは $\phi=0$ 点で 2 階微分がゼロ，つまり，解が存在しない時である．この時の U の値は $U=C_\mathrm{s}=(T_\mathrm{e}/m_\mathrm{i})^{1/2}$ となり，線形なイオン音波の位相速度を示している．つぎに，図の(b)の場合を考えよう．この場合は，仮想的な質点は右に振れ

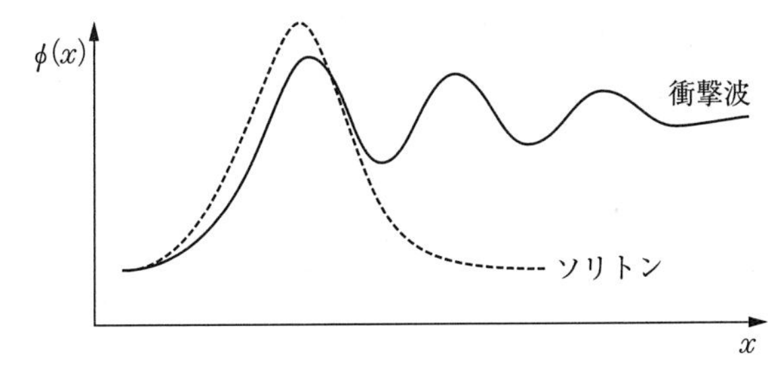

図 3.6 ソリトンの形状と，散逸がある場合の無衝突衝撃波の形状．

左に戻る．この形状が図 3.4 にすでに示したソリトン解に対応することは直観的に理解できる．その解を図 3.6 に点線で示した．しかし，ソリトン解も(3.25)式の分母が実数の場合にしか存在せず，その条件は

$$e\phi \leqslant \frac{m}{2}U^2 \tag{3.28}$$

である．これはきわめて常識的な結論で，静電ポテンシャルのエネルギー源はイオンの流れの運動エネルギーであり，それよりも強いポテンシャルはできないことを示しているにすぎない．その境界が図 3.5 の(c)の場合である．この時の U の値は $1.6C_\mathrm{s}$ である．

では，$U>1.6C_\mathrm{s}$ の場合はなんら物理的に意味をなさないのであろうか．いや，そうではないということが知られている．たしかに，ソリトン解は存在しないが，質点の場合のアナロジーで説明するなら，運動に粘性(散逸)がともなえば，たとえ，図 3.5(d)の場合でも $e\phi=1/2m_\mathrm{i}U^2$ に達する前にエネルギーを失い反転することができる．そして，何度かポテンシャルの谷を左右に振れながら最終的にはポテンシャルの谷に落ち着く．このような波動は**無衝突衝撃波**(collisionless shock)と呼ばれている．その

ポテンシャルの空間分布を図 3.6 に示す．図 3.6 のソリトン解も無衝突衝撃波の解もその幅は電子デバイ長程度であることに注意しよう．

地球の周りや宇宙のプラズマ中には磁場が存在し，その中でイオンが主体の波動に上記の場合と同様に磁場の存在により分散性が現われ，ソリトンや無衝突衝撃波が存在することが知られている．宇宙空間のグローバルな構造の磁場の平均値は $3\,\mu$G 程度といわれている．一様磁場に垂直に伝搬する電磁波で電場の方向が磁場と垂直な時の電磁波は異常波(X 波)と呼ばれ，この異常波の分散関係式を求めるのは大変複雑であるが，低周波の分散関係は(3.20)と同じ形になり，波の位相速度は $C_{\rm s}$ の代わりに $V_{\rm A}$ を，$\lambda_{\rm De}$ の代わりに電子慣性長 $c/\omega_{\rm pe}$ を入れた形になる．計算の詳細は省くが，この場合は磁場に対する Sagdeev ポテンシャルが求まって，衝撃波の遷移領域の幅(波面の幅) L は $L{\sim}c/\omega_{\rm pe}$ 程度である．この厚さに宇宙空間の密度 $n_{\rm e}{=}1\,{\rm cm}^{-3}$ を入れると，厚さ $L{=}5\,{\rm km}$ 程度になる．超新星残骸の衝撃波面ではこのように薄い波面をもった無衝突衝撃波が形成されていると考えられる．

無衝突衝撃波は地球磁気圏のバウ衝撃波* や**超新星残骸**での爆風波** など地球の周りや宇宙でよくみられる衝撃波である．実験室での衝撃波管などで作られる衝撃波では波面の厚さは平均自由行程で決まり，かつ，通常の粘性が散逸機構として働いているのに対し，無衝突衝撃波では波面の厚さは平均自由行程より何桁も薄い．また，散逸過程も波面の強い電場による一部の

---

* 本講座，寺沢敏夫『太陽圏の物理』参照．およびたとえば，http://www-netlab.kurasc.kyoto-u.ac.jp/top/ の Bow Shock をクリック．

** 本講座，高原文郎『天体高エネルギー現象』第 3.1 節参照．

イオンの反射が原因であったり，粒子の加速によるエネルギー損失が原因であったりする．実際，宇宙線として観測される高エネルギー陽子のうち 10^{15} eV 程度までは超新星爆発により形成される球形の無衝突衝撃波による加速に起因していると考えられている．

4
波動の不安定

平衡状態が安定な平衡でない場合，プラズマ中の波動のいくつかが不安定となり，振幅が指数関数的に増大してプラズマは壊れる．

無衝突プラズマ中では3種の不安定機構があり，そのうちの2つは空間的に均一でも統計力学的に非平衡であるために余分の自由エネルギーを波動の不安定にともなうエネルギーに変換しようとすることに起因する．プラズマ全体が不安定に寄与する流体的不安定と，一部の共鳴粒子だけが寄与する運動論的不安定について，あまり数式に頼らず，波と粒子の力学的相互作用を考えながら解説する．

■4.1　不安定とは

第2章で触れたように，太陽は平衡状態にある．しかし，実際に太陽の表面を観測してみると(特定の原子が出す輝線のドップラーシフト——ドップラー効果による波長のずれ——の表面分布を観測する)，表面は太陽内部で発生した音波で常に振動している．このような振動の分布などから太陽の内部状態を研究する学問を日震学という*．太陽は安定な平衡状態であるからいくら内部で爆発が起こって，地震波(この場合は音波)が発生してもすぐに元の形状に戻る．

しかし，通常のプラズマは平衡状態にあるからといって，そのままの状態を保つとは限らない．不安定平衡の場合，わずかな擾乱が種(たね)となって各種の波動が励起され，一部の波動は不安定であり時間とともに振幅が増大し，プラズマ中を荒れ狂い，プラズマ自体を破壊してしまう．不安定には大別して3種類ある．

(1) 局所的な不安定
　(a) 流体力学的不安定
　(b) 運動論的不安定
(2) グローバルな構造の不安定

である．

(1)の(a)の例としては以下に説明する電子プラズマ波が不安定になる2流体不安定が代表的である．また，その後，説明するワイベール不安定は磁場をともなう不安定であり，前者と同時に不安定になる．2流体不安定ではすべてのプラズマ粒子が不安定成長に寄与するが，後に説明する逆ランダウ減衰と呼ばれる不安定では一部の共鳴粒子のみが不安定に寄与する．これは(b)の場合に対応する．(1)の不安定は両方とも通常の中性の流体ではみられない．無衝突で波と粒子が電磁場と相互作用することにより発生するプラズマ特有の不安定である．

(2)は局所的に熱平衡を仮定できるが，グローバルな構造が力学的に不安定なために発生する．例としては古典的ともいえ

---

* 日震学は英語では helioseismology (ヘリオサイスモロジー)という．http://www.earth.uni.edu/~morgan/astro/course/Notes/section2/new5.html の最後にイメージ図と説明がある．

る Rayleigh-Taylor 不安定や Kelvin-Helmholtz 不安定などがある*．この場合は過剰なポテンシャル・エネルギーや流れの運動エネルギーが不安定を励起し，それらのエネルギーを最終的に乱流を通して熱のエネルギーに変換しようとする．これは通常の中性流体でも観測される不安定である．(2)に属し，プラズマ特有のものとしてはドリフト波不安定などがある．(2)の不安定では空間的に一部のところが不安定領域で，その領域と周りに発生する不安定な波の固有値問題を解くことになる．

実際のプラズマには数え切れないほどの不安定が存在する．この小本ではとても網羅できないが，基本的には上記の 3 つの場合のどれかに分類できると考えてよい．ページ数が限られているのでプラズマに特有な(1)の不安定について紹介しよう．

(1)の場合の不安定を理解するためには，統計力学で習う速度分布関数を復習しておく必要がある．前章まではプラズマを流体として扱ってきた．その背景には，プラズマは密度 n，流速 $\boldsymbol{u}$，温度 T の熱力学的に局所平衡状態にあると仮定していた．これらの物理量は多数の異なる速度をもつプラズマ粒子の平均量を示すもので，実際には，プラズマは以下のような**速度分布関数** $f(\boldsymbol{v})$ で示される．

$$f(\boldsymbol{v}) = \frac{n}{(2\pi T/m)^{3/2}} \mathrm{e}^{-\frac{m(\boldsymbol{v}-\boldsymbol{u})^2}{2T}} \tag{4.1}$$

このような分布は $\boldsymbol{v}=\boldsymbol{u}$ を中心としたマックスウェル分布と呼ばれる．この分布は速度 $\boldsymbol{u}$ の慣性系でみた自由粒子の運動エネルギー $\varepsilon=1/2\, mv^2$ に対するボルツマン分布になっていることからも納得できる．流体方程式では n, $\boldsymbol{u}$, T が空間，時間の関数

---

* 両不安定のアニメーションを，http://fluid.stanford.edu/~fringer/movies/shear_convect/shear.html で見ることができる．

であるとして方程式を定式化している．したがって分布関数にまで立ち返らずに流体近似でプラズマを扱えるのは，局所的な熱平衡近似がよい精度で成立している場合に限られることに注意しよう．

4.2 二流体不安定性

さて，静かなプラズマ中に電子ビームを照射した場合を考えよう．理想化し，電子ビームは一様で，速度が $u_{\rm b}$ とそろっており，静かなプラズマのイオンの運動は無視して，電子による不安定のみ考えよう．また，励起される波動は縦波で電子ビームの速度方向(x としよう)の運動のみ考える．このときの電子の速度分布関数を描くと図 4.1 のようになる．

$u_{\rm b}$ が十分大きいと，(1.10)より $\sigma \propto u_{\rm b}^{-4}$ の関係からプラズマとは無衝突に進入し，どこでも電子の分布関数は図 4.1 を保つように思われる．ところが，このような速度分布関数をもつ系は，(4.1)の熱平衡分布から大きくずれているので不安定である．

図 4.1 の 2 つの分布の広がりが無視できるとして，それぞれを

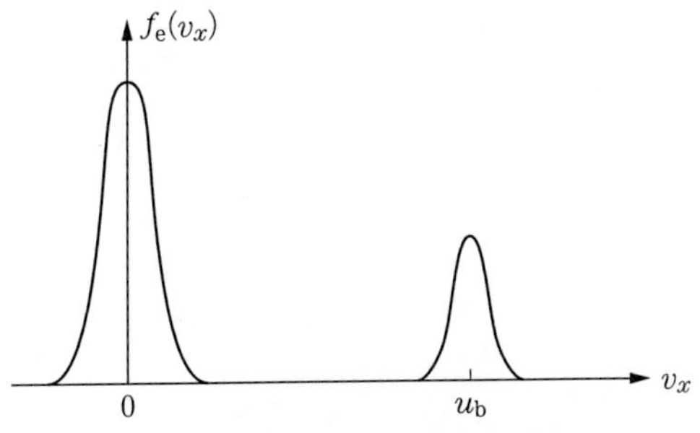

図 4.1 冷たいプラズマ中に冷たい電子ビームを入射したときの電子の速度分布関数．

冷たい電子プラズマ流体として扱おう．すると，電子ビーム流体の密度 $n_{\rm b}$ とその線形擾乱 $n_{\rm b1}$，流速 $u_{\rm b}$ とその線形擾乱 $u_{\rm b1}$，および，背景電子の密度 n_0 とその擾乱 n_1，速度擾乱 u_1 について(A3.2),(A3.4)と(A1.3)からつぎのような連立方程式が得られる．

$$\frac{\partial}{\partial t}n_1+n_0\frac{\partial}{\partial x}u_1=0\ ,\quad \frac{\partial}{\partial t}u_1=-eE \tag{4.2}$$

$$\frac{\partial}{\partial t}n_{\rm b1}+n_{\rm b}\frac{\partial}{\partial x}u_{\rm b1}+u_{\rm b}\frac{\partial}{\partial x}n_{\rm b1}=0\ ,$$
$$\frac{\partial}{\partial t}u_{\rm b1}+u_{\rm b}\frac{\partial}{\partial x}u_{\rm b1}=-eE \tag{4.3}$$

$$\varepsilon_0\frac{\partial}{\partial x}E=-e(n_1+n_{\rm b1}) \tag{4.4}$$

これに，(3.10)のフーリエ-ラプラス変換をおこない整理すると電場の擾乱 E に対する以下のような関係式を得る．

$$\varepsilon(k,\omega)E=0 \tag{4.5}$$

ここで，$\varepsilon(k,\omega)$ はプラズマの誘電効果を含んだ誘電率であり

$$\varepsilon(k,\omega)=\left(1-\frac{\omega_{\rm pe}^2}{\omega^2}-\frac{\omega_{\rm pb}^2}{(\omega-ku_{\rm b})^2}\right)\varepsilon_0 \tag{4.6}$$

と求まる．ここで，$\omega_{\rm pb}$ は $n_{\rm b}$ で決まる電子プラズマ周波数．波動の分散関係式は(4.6)の $\varepsilon(k,\omega)=0$ であることは明らかで，その関係式を求めよう．

求めている波動が不安定になることを図的に理解するために以下の関数 $F(k,\omega)$ を導入する．

$$F(k,\omega)=1-\frac{\varepsilon}{\varepsilon_0}=\frac{\omega_{\rm pe}^2}{\omega^2}+\frac{\omega_{\rm pb}^2}{(\omega-ku_{\rm b})^2} \tag{4.7}$$

この F の形を k を与えたとして ω の関数として図示したのが

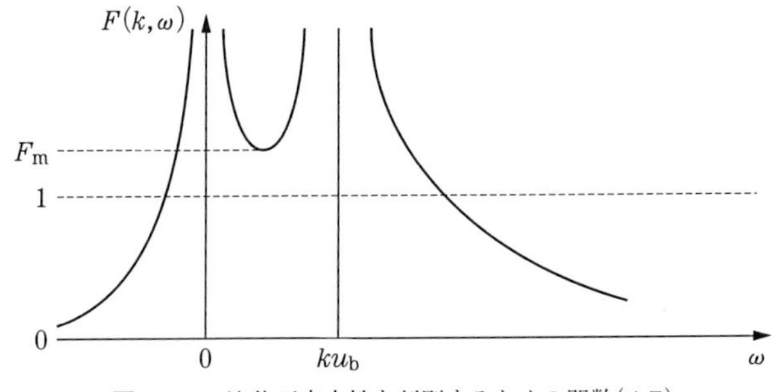

図 4.2 二流体不安定性を判別するための関数(4.7)のふるまい．

図 4.2 である．分散関係は $F=1$ の根を求めることである．図の性質からわかるように，ω は 4 つの根をもつ．うち 2 つは必ず実根であるが，残りの 2 根は図の中心部の最小値 $F_{\rm m}$ の値が 1 より小さければ実根をもち，大きければ複素数の根となる．4 つとも実根であれば波は伝搬するだけで成長せず，安定である．ところが，後者の場合は不安定である．2 つの複素数の根の 1 つを $\omega=\omega_{\rm r}+{\rm i}\omega_{\rm i}$ としよう．元々の分散関係式を与える誘電率は(4.6)の通り実関数である．ということは，$\omega=\omega_{\rm r}-{\rm i}\omega_{\rm i}$ も根である．

共役複素数が分散関係式の解であることは，どちらかの解の波動は不安定となる．不安定となるということは，解が $\exp(\omega_{\rm i}t)\times\exp(-{\rm i}\omega_{\rm r}t+{\rm i}kx)$ となり振幅が指数関数的に成長することから明らかである．(4.7)からわかるように，波数 k の値により不安定になったり安定になったりする．

二流体不安定性の直観的なイメージを捉えておくことは物理を理解するうえで重要である．今初期に図 4.3 のように背景電子の密度擾乱があったとしよう．ここに電子ビームが入射してくる．電子ビームが定常流($n_{\rm b}u_{\rm b}$：一定)だとすると，この静電ポ

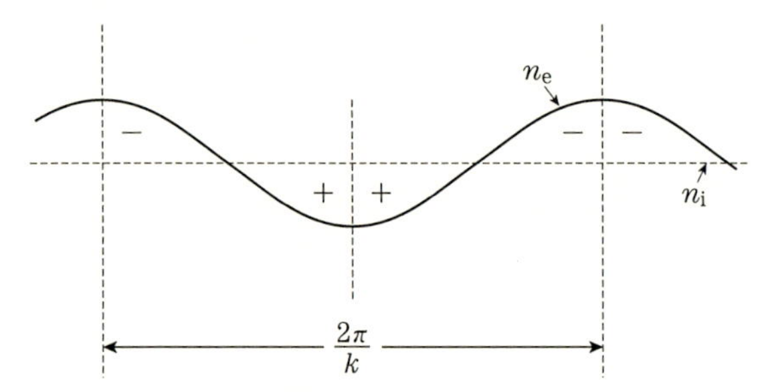

図 4.3 二流体不安定性により生じた静電ポテンシャルはビーム電子の密度擾乱が正のフィードバックに働き，振幅が増大していく．

テンシャルの山谷を走るとき，山の上ではビームは減速され密度が高くなり，谷では加速され密度が低くなる．このことは，背景電子の密度が高いところで電子ビームの密度が高くなり，低いところはその逆で，正のフィードバックが働いて，ますます，図 4.3 の電子プラズマ波の振幅は大きくなることを示している．これが，二流体不安定の直観的な説明である．

今まで議論してきたのは線形な不安定についてである．振幅がどんどん大きくなると非線形な現象が支配的となる．一般には異なる波数をもつ波同士が結合して新しい波を作ったり，波と粒子が相互作用したりと，波は**乱流状態**になる．いまの静電波では，乱雑な方向の電場の「島」がたくさん現われて，後続の電子ビームをこの乱れた電場で散乱するという異常現象を引き起こす．

二流体不安定性が発生する他の場合についても簡単に紹介しておこう．電子ビームの入射ではなくピンチ・プラズマのようにプラズマ中に電流を流す．電流は電子が運ぶため，図 4.1 でイオンは静止した分布関数，電子はビームのように電流に見合った速度で流れる．この場合も上記の解析と同じ手法でイオンの運動も含めると不安定性が発生することを証明できる．イオンと電子流との間の二流体不安定性である．超新星爆発の際に形成される衝撃波が無衝突衝撃波で粒子加速をおこなうことを第3章で紹介した．このような加速ビームが衝撃波の前方に射出されると，前方で二流体不安定が発生する．また，高エネルギー物理学研究機構(KEK)*のBファクトリーなどでは電子と陽電子を加速し，衝突させる．この場合も電子・陽電子プラズマは衝突時に不安定となる．ビームの強度を上げていくと，集団現象によりビームの断面の分布が歪む．たぶん，現在提案されているリニアー・コライダー等では1回で十分な非弾性衝突をさせる必要があるので密度も高くなり，このような不安定やつぎに述べる磁場をともなう不安定が重要になるであろう**．

■4.3 ワイベール不安定性

前節では電子プラズマ波の不安定について考察した．ところが，同じ状況下でも別の波も不安定になる．不安定の多様性を理解する意味でも簡単に説明したい．分布関数が等方でない場合に発生する不安定に**ワイベール不安定**がある．1950年代から知られた不安定であり，これに起因する波はいろいろな名称で磁場閉じ込めプラズマなどに現われる．数式による解析は煩雑になるので，直感的なイメージだけで不安定を理解していただこう．

いま，電子ビームが入射したとき，図4.4のようにy方向に波

---

* http://www.kek.jp/

** 加速器ビームの不安定については本講座の平田光司『加速器とビームの物理』第3章を参照.

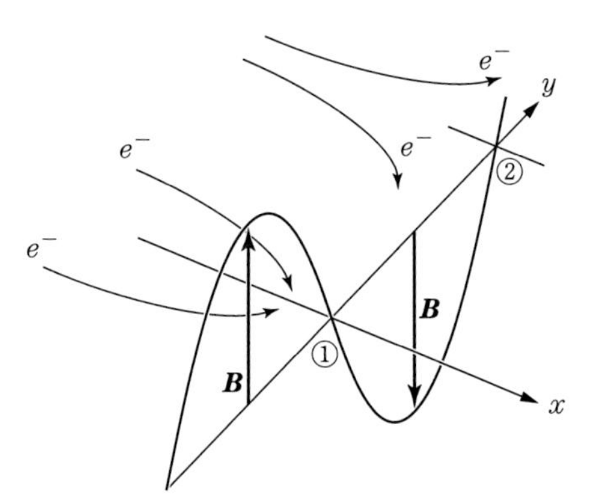

図 4.4 ワイベール不安定性の物理機構を示す．図のように磁場擾乱があると，電子ビームはローレンツ力を受け，磁場の振幅をさらに増大させるような電流分布をつくる．

数をもった z 方向の磁場が擾乱として存在していたとしよう（擾乱は熱雑音として常に存在する）．すると，x 軸方向に入射してきた電子ビームには磁場によるローレンツ力が働き，その力により電子ビームは図のように軌道を曲げられる．結果として，①の磁気中性面に電子は集まり，②の中性面から遠ざかる．①のチャンネルに集中した電子は図の磁場をさらに強めるように働き，正のフィードバックが働く．このような不安定をワイベール不安定と呼んでいる．

電子ビームをプラズマに入射した際，二流体不安定とワイベール不安定の両不安定が成長可能である．では，どちらのほうが強いか？ それは，パラメータによる．ワイベール不安定は相対論的電子ビームをレーザーの代わりに用いて核融合をおこなおうとしていた 1970 年代に線形段階から非線形段階までくわしく研究されている．図 4.5 に示したのは電子ビームを紙面に垂直に入射したときの電子ビームの密度分布の時間発展である．初

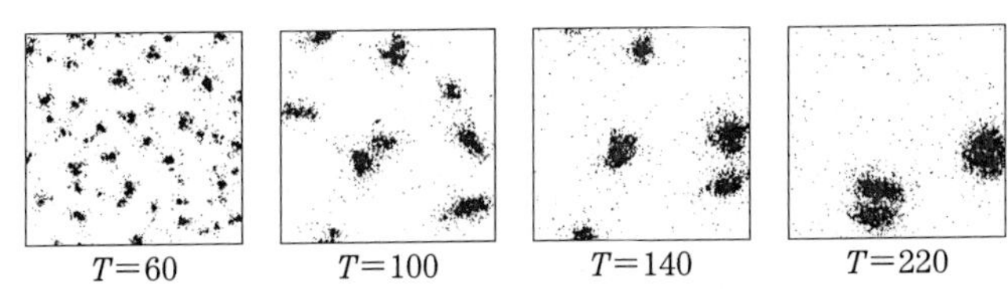

図 4.5 一様なプラズマ中に一様な電子ビームを紙面に垂直に入射したときのビームの密度分布の時間発展．ワイベール不安定を経て電子ビームがフィラメント状に成長し，さらに，フィラメント同士が融合していく様子をしめす．T は無次元化した時間を示す．

期の段階では線形成長率の大きい短波長のモードが成長し，多数のフィラメントに分裂する．ところが，同じ方向に流れる電流のフィラメント同士の場合，あるフィラメントが作る磁場のローレンツ力は近くのフィラメントを引きつける力に働く．このために，非線形段階ではフィラメント同士の融合が起こり，図 4.5 のように時間とともに数本のフィラメントになってしまう．フィラメントが運べる電流値には限界(アルフベン限界電流)があるため，フィラメントの数の減少はビームのエネルギーの異常損失をともなう．

■4.4 波と粒子の相互作用

さて，運動論的な不安定について説明しよう．ブラソフ方程式から出発してランダウ減衰を導出するのが標準的な教科書の説明だが，ここでは，有限振幅の単色な電子プラズマ波と電子の相互作用から説明し，ランダウ減衰の減衰率を導出しよう．

今，電子プラズマ波が位相速度 $V_{\mathrm{ph}}=\omega/k$ の単色波として伝搬しており，その位相速度に乗った系での電子の運動を考えよう．波の静電ポテンシャルの振幅を ϕ_0 とする．この系では波は静止して見え，図 4.6 のようなポテンシャル(電子の運動を考える

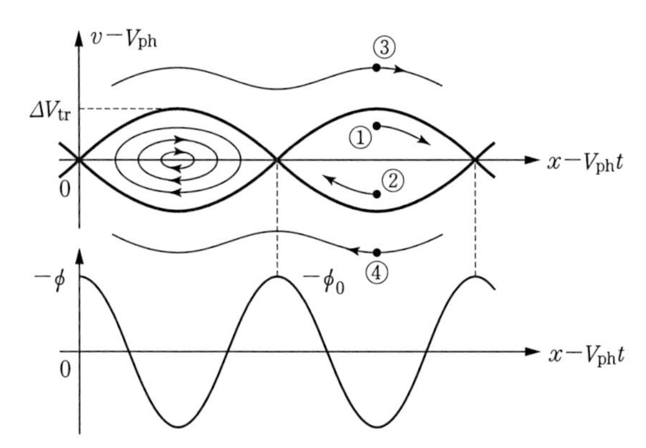

図 4.6 下のような有限振幅のポテンシャル内での電子の運動を波の位相速度に乗った系でみたときの各電子の軌道を上に示す.

ので $-\phi$ の分布を描いた)のとき，この波のポテンシャルの中での電子の軌道を位相空間で描くと図 4.6 の上のようになる．図では 2 波長分の様子を描いている．上の図の太い線はセパラトリックスと呼ばれ，無限の時間をかけてポテンシャルの頂上から隣の頂上に達する運動を示す．その内部の軌道はポテンシャルに捕捉された粒子の運動であり往復運動を繰り返す．このような粒子を**捕捉粒子**という．セパラトリックスの外では波の位相速度より速すぎる(③)か，遅すぎる(④)ために波に捕捉されていない非捕捉粒子の軌道を示す.

振幅が十分小さい線形波動の極限では，速度が位相速度と一致する粒子のみ捕捉粒子となる．このような極限での粒子を**共鳴粒子**と呼んでいる．さて，位相空間で同じ空間座標にあり，初期速度が異なる図 4.6 の 4 つの粒子について考えよう．①の粒子は減速し，②の粒子は加速する．粒子がエネルギーを失ったり，もらったりすることは，その反作用として波がエネルギーをもらったり(成長),失ったり(減衰)することを意味している.③や④の粒子は平均して波からエネルギーをもらいも与えもしないので,波との相互作用では無視する.結局①の位相にいる粒子が②の位相にいる粒子より多いと,波は成長し(つまり,不安定となり),その逆だと減衰する.$\phi_0 \to 0$ の極限での減衰をランダウ減衰という.

有限振幅の縦波に捕捉される速度幅 $\Delta V_{\rm tr}$ を**捕捉速度**という.これは簡単な力学の問題で,

$$\Delta V_{\rm tr} = \sqrt{\frac{2e\phi_0}{m}} \tag{4.8}$$

と求まる.また,ポテンシャルの底での振動周期は,底の近辺のポテンシャルの形状をテイラー展開すると $U(x)=1/2k\phi_0(kx)^2$ の調和振動のポテンシャルで近似できることから,

$$\omega_{\rm b} = k\sqrt{\frac{e\phi_0}{m}} \tag{4.9}$$

と求まる.これは**往復(バウンス)周波数**と呼ばれている.

これから,粗い計算でこの波の振幅の減衰率や成長率を求めてみよう.波が指数関数的に減衰か成長しているとして波のエネルギー E は十分短い時間には

$$E = E_0{\rm e}^{\gamma t} \approx E_0(1+\gamma t)\ , \quad \Delta E = E_0\gamma t \tag{4.10}$$

ここで,ΔE は波のエネルギーの変化量を表わす.(4.10)で特徴的な時間 $t=\tau$ が(4.9)の往復時間($\tau=\omega_{\rm b}^{-1}$)であり,ΔE は $v=V_{\rm ph}$ 近辺の粒子の数の差から決まると考える.つまり,速度分布関数の傾き $\partial f/\partial v$ で決まっていると考える.すると,無次元の係数を省略して,

$$E_0 = \varepsilon_0 k^2 \phi_0^2 \tag{4.11}$$

$$\Delta E = mV_{\mathrm{ph}} \Delta V_{\mathrm{tr}} \Delta n_{\mathrm{tr}}, \quad \Delta n_{\mathrm{tr}} = (\Delta V_{\mathrm{tr}})^2 \frac{\partial}{\partial v} f \bigg|_{v=\omega/k} \tag{4.12}$$

のように求まる．これらを(4.10)の最後の関係式に代入することにより電子プラズマ波の成長(減衰)率として

$$\gamma = \frac{\omega_{\mathrm{b}} \Delta E}{E_0} \approx \omega \frac{\omega_{\mathrm{pe}}^2}{k^2} \frac{\partial}{\partial v} \hat{f} \bigg|_{v=\omega/k} \tag{4.13}$$

と求まる．ただし，$\hat{f}$ は規格化した分布関数を表わす($\hat{f}=f/n$)．また，当然，その微分の値は位相速度の点での値である．

直観に従って粗く求めた波の成長，減衰率の表式(4.13)は波の振幅に依存していないことに注意しよう．波は分布の速度微分が正(負)のとき成長(減衰)する．(4.13)の成長率はブラソフ方程式((A4.3)の右辺を無視した式)の線形化式から出発してランダウの方法に従って求めた正確な値とほぼ一致している(正確な値には(4.13)に係数 $\pi/2$ がつく)*．一般に波が減衰する場合を**ランダウ減衰**，成長する場合を**逆ランダウ減衰**と慣習的に呼んでいる．

有限振幅の場合の波と粒子の相互作用を説明したついでに，時間が $\tau=\omega_{\mathrm{b}}^{-1}$ よりさらに経過した時にどうなるか考えてみよう．今，分布関数は(4.1)で $\boldsymbol{u}=0$ のマックスウェル分布であるとしよう．すると，波は減衰する．ところが，分布関数は時刻 τ 程度で図 4.6 の①と②の粒子は入れ替わるので，分布関数の傾きが反転し，減衰していた波が成長を始める．このようなこと

---

* くわしい計算については，たとえば本講座の寺沢敏夫『太陽圏の物理』の 2.3 節「ランダウ共鳴相互作用」を読んでいただきたい．

を何回か繰り返し最終的には適当な振幅に落ち着き，図 4.6 のセパラトリックスの内部は粒子の回転速度も軌道により異なることから，分布をならして考えるとほぼ平坦になってしまうと考えられる．

4.5 ランダウ減衰と逆ランダウ減衰

通常のマックスウェル分布をした平衡プラズマでは電子プラズマ波がなんらかの原因で励起されてもランダウ減衰のために消え去ってしまう．これは，マックスウェル分布をしたプラズマが平衡かつ安定であることを意味している．ランダウ減衰では波から共鳴粒子が選択的にエネルギーをもらい，粒子は加速され，波は減衰する．共鳴粒子以外の粒子は減衰や成長には寄与しない．これが運動論的不安定性の特徴であり，プラズマを流体近似で扱うかぎり見出すことのできない不安定である．

流体近似では誘電率はたとえば(4.6)で求めたように常に実関数である．ところが，ここでは導出しなかったが，ランダウ減衰をブラソフ方程式から導出してみると，誘電率が複素数になっていることがわかる．流体近似でもたとえば電子の運動方程式(A3.4)にイオンとの衝突による摩擦項を導入すると電子プラズマ波の誘電率は複素数になる．誘電率が複素数になるのは散逸の効果(減衰の場合)やなんらかのエネルギー注入(成長の場合)が働いている場合である．ランダウ減衰はクーロン衝突のような散逸で現われたのではなく元々無衝突のブラソフ方程式から帰結することから**無衝突散逸機構**と表現できる．

参考までに，(4.13)式に(4.1)のマックスウェル分布(ただし，x 方向 1 次元)を入れ，減衰率がどの程度大きいかを調べてみる．位相速度が電子の熱速度 $v_e=(T_e/m_e)^{1/2}$ 程度でほぼ $\gamma=-\omega$ $(\sim\omega_{pe})$ となってしまい，波は振動するまもなく消えてしまうことがわかる．

ランダウ減衰を体験できるのは**サーフィン**である．サーフィンでは海の表面波の波頭にサーフボードを乗せ，波からエネルギーをもらいながら海岸に向けて波乗りを楽しむ．私は 2002 年の夏，米国サンディエゴで友人の研究者に教えて頂いたが，まず，背丈ほどもある深さのところでよい波が来るのを待ち，手かきで波の位相速度に追いつくのがむずかしい(というより，体力，腕力が足りない)．いったん，位相速度までボードの速度を上昇させれば共鳴粒子になれるわけである．これができるようになると，新しい楽しみが生まれる．波頭を斜めに進むのである．共鳴条件は波頭の進行方向の速度が同じであればよい．波頭に平行にはいくら速度を上げても共鳴条件は維持できる．したがって，波頭と平行方向に漕いで速度を上げると，おもしろいような高速を味わうことができる．

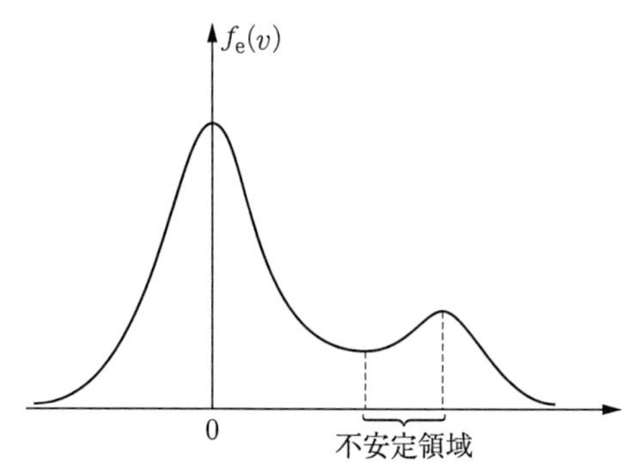

図 4.7　プラズマ電子も入射電子ビームも速度広がりが大きいと，二流体不安定ではなく，逆ランダウ減衰で不安定領域の位相速度をもつ波が不安定となる．

逆ランダウ減衰について説明しよう．プラズマに電子ビームを注入した場合を再度考えよう．ただし，図 4.1 のような冷たいプラズマに冷たいビームが照射された場合ではなく，高温のプラズマに熱広がりのある電子ビームが照射されたとしよう．すると，速度分布関数は図 4.7 のようになる．この場合，(4.13) より分布関数の傾きが正の領域の位相速度をもつ電子プラズマ波が不安定となる．このような運動論的な不安定を逆ランダウ減衰とよぶ．

■4.6 パラメトリック不安定性

今まで説明してきたのは線型不安定であった．しかし，高強度のレーザーなどがプラズマに照射されたり，二流体不安定などであるモードの波の振幅が十分大きくなると，**非線形な不安定**が問題になる．3 つの波が相互作用しあい非線形な不安定を起こす**パラメトリック不安定**について簡単に説明しよう．3 つの波は第 3 章で説明した波のなんでもよい．それぞれの振動数と波数を $(\omega_1, \boldsymbol{k}_1)$, $(\omega_2, \boldsymbol{k}_2)$, $(\omega_3, \boldsymbol{k}_3)$ としよう．すると，この 3 つの波が整合条件

$$\omega_1 = \omega_2 + \omega_3\ , \quad \boldsymbol{k}_1 = \boldsymbol{k}_2 + \boldsymbol{k}_3 \tag{4.14}$$

を満たす時，1 の波のエネルギーが 2 と 3 の波のエネルギーに変換され，2 と 3 の波は不安定となり振幅が成長していく．1 と 2 が電磁波で 3 がイオン音波の場合を**誘導ブリュアン散乱**(SBS) と呼び，3 が電子プラズマ波の場合を**誘導ラマン散乱**(SRS) という．ただ，このような誘導散乱は最初は固体や気体に強い光源を照射した際に発見されたものである．

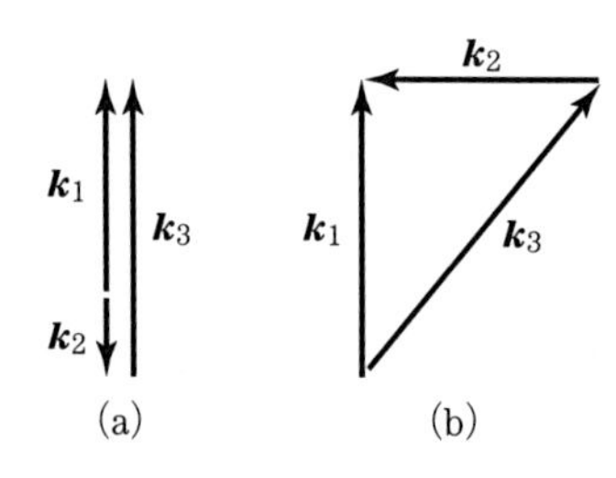

図 4.8　3 つの波が結合することにより起こるパラメトリック不安定の波数の整合条件の典型的な 2 例を示す．(a)は後方散乱，(b)は側方散乱を示す．

(4.14)の波数の整合条件を満たす 2 つの場合を図 4.8 に示す．(a)は後方散乱であり，入射した電磁波が周波数の低い電磁波を励起して後方に散乱してくる．(b)は側方散乱であり，横方向に散乱される．ブリラン散乱は(a)の場合が，ラマン散乱は(b)が支配的である．誘導ブリラン散乱の場合は伝搬方向を x 方向として 1 次元で簡単であるから，この場合について数式を使って説明しよう．1 の電磁波の入射のもとで 2 の電磁波に対する方程式を書き下そう．(A1.2)の電流として，

$$\boldsymbol{j} = \boldsymbol{j}_{\mathrm{L}} + \boldsymbol{j}_{\mathrm{NL}} \tag{4.15}$$

と書ける．ここで，右辺第 1 項は第 2 の電磁波の分散関係を与える線型な電流であるのに対し，第 2 項は非線形な電流で，第 1 と第 3 の波が結合して作る電流である．第 3.5 節で求めたように(4.15)の線型項を左辺に書く時，第 2 項のみ右辺に残すと，(A1.1),(A1.2)は

$$\left(\frac{\partial^2}{\partial t^2} - c^2\frac{\partial^2}{\partial x^2} + \omega_{\mathrm{pe}}^2\right)E_2 = -\frac{1}{\varepsilon_0}\frac{\partial}{\partial t}j_{\mathrm{NL}} \tag{4.16}$$

となることはすぐわかる．ここで，E_2 は第 2 の電磁波の電場である．非線形な電流は以下のように x と垂直方向に流れる．

$$j_{\mathrm{NL}} = -en_3\mathrm{e}^{\mathrm{i}\omega_3 t - \mathrm{i}k_3 x}u_1\mathrm{e}^{-\mathrm{i}\omega_1 t + \mathrm{i}k_1 x} \tag{4.17}$$

ここで，(4.14)の整合条件が満たされていれば，(4.16)の右辺の項は $(\boldsymbol{k}_2, \omega_2)$ の電磁波を生成する電流源となる．一般に，プラズマ中にはイオン音波 $(\boldsymbol{k}_3, \omega_3)$ は小振幅ではあるが熱雑音として存在しているのでその密度擾乱 n_3 が種となって不安定が成長する．

パラメトリック不安定では，不安定のエネルギー源が第 1 の波であり，そのエネルギーが第 2 と第 3 の波に変換されていくことにより見かけ上，2 と 3 の波が不安定になっているようにみえる．力学モデルでは(4.16)の式は強制振動の式だと考えればよい．共鳴条件がいまの場合の整合条件となる．

5
荷電粒子の加速とプラズマの加熱

荷電粒子の加速と加熱の関係を考えながら，古典的なジュール加熱や共鳴現象を利用した波動加熱について解説する．宇宙物理などでよく問題になる高温天体からの輻射による加熱についても簡単に説明する．

■5.1　加速と加熱

加速器で荷電粒子を光速に限りなく近い速度まで加速して粒子同士を衝突させて，新しい素粒子を発見する．これが，20 世紀の物理学のもっとも輝かしい研究の分野であったし，数々のノーベル賞をこの分野の研究者にもたらした．そのような加速器の実験でも少し毛並みの変わった実験が米国ブルックヘヴン国立研究所でおこなわれている．RHIC と略称で呼ばれている実験で，金のような重たい原子を電離し(重イオン)，加速器で光速近くまで加速し，それを，反対方向から加速されてきた同じ重イオンと衝突させるのである．すると，加速により得た運動エネルギーは衝突により熱のエネルギーに変換され，温度が 1

兆度に近いプラズマをきわめて短い時間，作り出すことができる．この温度はビッグバンの 10^{-5} 秒後に対応し，核からクォークとグルオンが飛び出してどろどろのスープのような状態になったクォーク・グルオン・プラズマ(QGP)が作られる．これを観測して，QGP を実験的に研究しようとしている*．

上の例は加速と加熱がどう関係しているかの一例である．プラズマを加熱しようとした場合，数種類の方法がある．一番簡単には加速した粒子群を衝突させることである．加速の原理から簡単に紹介しよう．20 世紀の初め，放射性物質から崩壊して飛び出してくるアルファ粒子を薄膜に当て，ラザフォードは原子の構造に迫った．その後，1930 年に米国の**ローレンス**が**サイクロトロン加速**の原理を発明し**，人工的に粒子を加速して原子核の研究をおこなうことができるようになった．原理はきわめて簡単で，サイクロトロン周波数(1.16)が荷電粒子の速度(エネルギー)に依存しないことに着目する．2 つの D 型(円を 2 つに分けた状態)の磁場装置上下の D 型に垂直な一定の磁場を作る．そして，2 つの D 型の狭い間隙にサイクロトロン周波数と同じ周波数の交流電場をかける．すると，サイクロトロン運動をする荷電粒子は間隙で常に加速の力を受けエネルギーがどんどん増えていく．ラーモア半径は(1.17)のように速度に比例して大きくなるので，荷電粒子の軌道はだんだん大きくなり，十分高エネルギーになったところで取り出して標的に当てる．ただし，速度が光速に近づくと相対論の効果により質量が大きく

---

* http://www.kek.jp/newskek/2003/julaug/rhic.html

** この発明で 1939 年，ノーベル物理学賞を受賞している．詳しくはエミリオ・セグレ著，久保亮五・矢崎裕二訳『X 線からクォークまで』みすず書房，1982 年，第 11 章．

なり(1.16)からわかるように周波数が低くなりこの装置ではもはや加速できない.

その後, 各種の改良や別の原理による加速器が現われて今日にいたっている*. サイクロトロン加速器が共鳴を用いているように, その後の加速器も電磁場と荷電粒子の共鳴効果をうまく利用している. たとえば, 線形加速器では銅製の長い管(導波管という)の中に電磁波を走らせる. 電磁波は導波管の形状などで決まる速度で走り, 進行方向に電場成分をもつ. この位相速度に荷電粒子を乗せてやれば, ランダウ減衰と同じ原理で荷電粒子を加速することができる. 共鳴粒子の加速である.

■5.2 古典的加熱

まず, 古典的加熱とよばれる**ジュール加熱**から説明しよう. これは, 荷電粒子同士のクーロン衝突を利用して一方向にそろった運動エネルギーをランダムな運動の熱エネルギーに変換する加熱法である. 図 2.2 に示したピンチ・プラズマでは高電圧の印加で作られる電子電流の運動エネルギーをイオンとの衝突で加熱に使い, 核融合が起こる温度にまでイオンを加熱する予定であった. また, トカマク装置もトーラス・プラズマ自体が変圧器の 2 次コイルの役割をしており, 1 次コイルに電流を流したとき生じる誘導電場でトーラス内に電流を流し, このジュール加熱でプラズマを高温にするというものであった. ところが, (1.11)から明らかなように, 高温になると衝突は起こらなくなり, ジュール加熱が機能しなくなる. トカマクの場合, ジュー

---

* 加速器については本講座の平田光司『加速器とビームの物理』を参照, また KEK ホームページ http://www.kek.jp/kids も参考になる.

ル加熱で到達できる温度は高くて 1 keV 程度であり，核融合に必要な温度まであと 1 桁も足りない．

磁場核融合ではいろいろな種類の追加熱装置が用いられている．そのひとつが**中性ビーム入射加熱**(NBI)である．いったんマイナスイオンにした燃料水素を加速装置で加速し，プラズマに入射する前に電子をはぎ取って中性原子のビームにする．これを磁化プラズマに注入すると，ローレンツ力による妨げなしにプラズマの中心部まで進入する．そのうえで，電離し磁場に巻き付きながら，イオン同士の衝突により加熱することができる．これも基本的にはクーロン衝突をベースにした古典的な加熱である．

レーザーでプラズマを加熱する際もジュール加熱と原理は同じである．レーザーの強い電場で振動運動している電子をイオンに衝突させて，振動のエネルギーをランダムな熱エネルギーに変換する．この物理過程は**逆制動輻射過程**と呼ばれている．制動輻射は自由電子がイオンに衝突して電磁波を放射する過程であり，その逆過程であることからこのような名称で呼ばれている．レーザー核融合ではプラズマをレーザーで加熱して核融合温度までする必要がないので，基本的には，この逆制動輻射過程によるレーザー加熱で球状の燃料殻を爆縮する．その際のレーザーで加熱されたプラズマの温度は 1 keV 程度である．この加熱プラズマで生じる 1 億気圧にも達する圧力で燃料球殻を球対称に中心めがけて加速する(図 2.4 参照)．この速度が 300 km/s 程度にまでなれば，燃料球が中心で衝突した際，運動エネルギーは熱エネルギーに変換され，球の形状効果も加わって核融合温度にまで達するのである．先ほどのクォーク・グルオン・プラズマを作る場合と原理は同じである．

■5.3 波動加熱(共鳴加熱)

身近な例から説明しよう．冷たい食べものも今では電子レンジで「チン」すれば，熱くなってすぐ食べられる．便利な世の中である．**電子レンジの原理**は水の分子の振動や回転の固有周波数に共鳴するように電磁波をレンジの中で発生させて，共鳴的に水の分子を加熱し温めるものである．電磁波の周波数は 2.45 GHz (波長は約 12 cm)．カチカチになったフランスパンでも水をかけて電子レンジで温めればよい．「高級蒸し器」が電子レンジの実態である．電子レンジのような加熱法を**共鳴加熱**という．

プラズマ中にはサイクロトロン運動をはじめとして各種の固有振動や波動が存在する．これらと共鳴するように外部から電磁波を入射してやれば，電子レンジと同じように共鳴加熱をすることができる．磁場閉じ込めプラズマでよく使われるものには電子サイクロトロン共鳴加熱(ECRH)やイオンサイクロトロン共鳴加熱(ICRH)などがある．原理は説明するまでもない．磁場閉じ込め装置では磁場の強さは 1 テスラ程度であり，電子のサイクロトロン周波数は 28 GHz (波長は 1 cm)，イオンのそれは 15 MHz (20 m)となる．

たとえば，サイクロトロン運動している電子の電磁波による波動加熱の場合を解析し，共鳴現象による加熱率を求めてみよう．まず，外部から入射する電磁波に対するエネルギー保存式から議論を始める．(A1.2)と $\boldsymbol{E}$ の内積をとり，(A1.1)と $\boldsymbol{H}=\boldsymbol{B}/\mu_0$ の内積をとった式を引くと，以下の関係式を得る．

$$\frac{\partial}{\partial t}W+\nabla\cdot\boldsymbol{S}=-\boldsymbol{j}\cdot\boldsymbol{E} \tag{5.1}$$

ここで，$W, \boldsymbol{S}$ は電磁波のエネルギー密度とポインティング・ベクトル(エネルギー流速密度)であり，以下のように与えられる．

$$W = \frac{\varepsilon_0}{2}|\boldsymbol{E}|^2 + \frac{1}{2\mu_0}|\boldsymbol{B}|^2, \quad \boldsymbol{S} = \boldsymbol{E}\times\boldsymbol{H} \tag{5.2}$$

したがって，(5.1)より，右辺の時間平均量が有限の場合，$\langle -\boldsymbol{j}\cdot\boldsymbol{E}\rangle > 0$ では電磁波は増幅され，$\langle -\boldsymbol{j}\cdot\boldsymbol{E}\rangle < 0$ では電磁波は減衰する，つまり，吸収されることがわかる．

電子がサイクロトロン振動数 ω_{ce} で固有振動運動をしているところに，電磁波を照射したときの $\langle -\boldsymbol{j}\cdot\boldsymbol{E}\rangle$ を評価してみよう．

電子に対する運動方程式は(1.13)で，磁場による項はサイクロトロン運動を与えるから，電磁波の電場の方向を x 方向として，サイクロトロン運動も x, y 面内にあるとする．電子の x 方向の変位を $X(t)$ とすると，運動方程式は

$$\frac{\mathrm{d}^2}{\mathrm{d}t^2}X = -\omega_{\mathrm{R}}^2 X - \nu\frac{\mathrm{d}}{\mathrm{d}t}X - \frac{e}{m}E(t) \tag{5.3}$$

と書ける．簡単のため，電磁波の波長は十分長いとして時間依存性だけ残した．また，話を一般化するため，共鳴振動数 ω_{ce} を ω_{R} とした．右辺第2項は摩擦項であり，ν はクーロン散乱などに起因し十分小さいと考える．

外部から入射する電磁波の周波数を ω として電場 $E(t)$ を $E(t) = E_0 \exp(\mathrm{i}\omega t)$ とする．これを(5.3)に代入して，$X(t)$ が時間に対しては $\exp(\mathrm{i}\omega t)$ に比例して振動していると考えて解く．すると，電流密度は

$$j = -en_{\mathrm{e}}\frac{\mathrm{d}X}{\mathrm{d}t} = -\mathrm{i}\frac{\omega\omega_{\mathrm{pe}}^2}{(\omega^2 - \omega_{\mathrm{R}}^2) - \mathrm{i}\nu\omega}\varepsilon_0 E \tag{5.4}$$

これから，$\langle -\boldsymbol{j}\cdot\boldsymbol{E}^*\rangle$ を求めると，ν に比例する項のみ残り(他の項は電流と電場の位相が90度ずれるため時間平均をとるとゼ

ロとなる)，$\nu \to 0$ の極限ではデルタ関数を用いて

$$\langle -j \cdot E^* \rangle = -\omega\left(\frac{\omega_{\mathrm{pe}}}{\omega}\right)^2 \frac{\nu/2\omega}{[1-(\omega_{\mathrm{R}}/\omega)]^2+(\nu/2\omega)^2}\frac{1}{2}\varepsilon_0 E^2$$
$$\approx -\omega\left(\frac{\omega_{\mathrm{pe}}}{\omega}\right)^2 \delta(\omega-\omega_{\mathrm{R}})\frac{\pi}{2}\varepsilon_0 E^2 \qquad (5.5)$$

と書ける．$\omega=\omega_{\mathrm{R}}$ の時，共鳴的にエネルギーが吸収され，ν が小さい時には物理メカニズムには関係なく吸収率が決まり，(5.5)を(5.1)に代入してやれば吸収係数 ν_{abs} として，つぎのように決まることがわかる．

$$\nu_{\mathrm{abs}} = \frac{\pi}{2}\frac{\omega_{\mathrm{pe}}^2}{\omega_{\mathrm{R}}} \qquad (5.6)$$

ここで，(5.1)式で真空中の関係式 $W=\varepsilon_0 E^2$ を仮定した．このような吸収を共鳴吸収という．(5.6)の結果は密度を高くするほど吸収係数は大きくなることを示す．しかし，吸収が大きくなると，プラズマ表面でしか加熱が起こらなくなる．また，強い磁場中の電磁波の分散関係は(3.15)とも異なることに注意．

レーザーによる加熱にも共鳴型の加熱があり，**共鳴吸収**と呼ばれている．レーザーは単色の電磁波であり，電磁波の電場がどちらを向いているかを示すのが偏向である．図 5.1 に示したように密度が空間的に増大しているプラズマにレーザーが入射角 θ で斜めに入射した場合，偏向方向(電場の方向)が図に書いたSであるかPであるかによりまったく違った現象が生じる．前節の逆制動輻射による吸収を無視すると，S偏向では斜め入射のときの反射点($n=n_{\mathrm{c}}\cos\theta$)で反射して戻ってくるが，P偏向では特異な現象がみられる．ここで，n_{c} はカット・オフ密度．P偏向した電磁波が反射点に達すると，波動の**トンネル効果**で振動電場が高密度領域に進入する．これが，カット・オフ密度

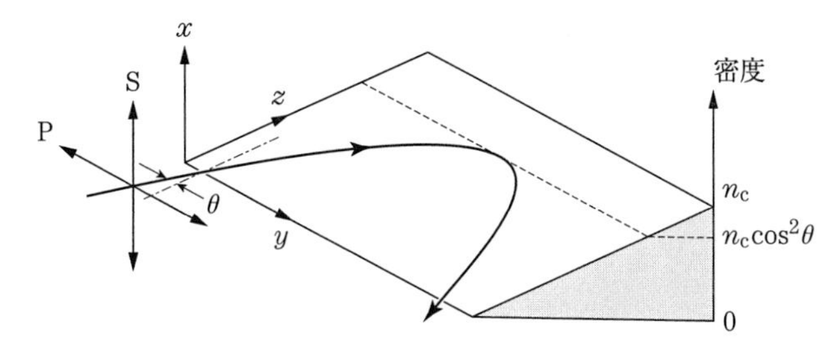

図 5.1 密度が線型に増大するプラズマ中にレーザーが斜めに入射したときの反射の様子を示す．n_c はカット・オフ密度．P 偏向の場合，反射点においてトンネル効果で電場が臨界密度までしみ込み線型なモード変換が起こる．

にまで達すると，その電場がプラズマ振動を共鳴的に励起する現象が起きる．実際には，カット・オフ密度近辺に電子プラズマ波を励起し，電磁波のエネルギーが電子プラズマ波のエネルギーに変換される．電子プラズマ波はランダウ減衰などを通してプラズマを加熱することになる．このような現象を**線形モード変換**による電磁波の共鳴吸収という．

共鳴吸収を解析し，その吸収率のパラメータ依存性を定式化したのがギンツブルグ*である．彼は P 偏向の場合は磁場に対する波動方程式の定常伝搬解を求め，それから電場の分布を求めた．そして，共鳴点での電場の強さを(5.5)に代入し，図 5.2 の吸収曲線(**ギンツブルグ曲線**と呼んでいる)を求めた．ここで，吸収率 η は

$$\eta_{\rm res} = \frac{1}{2}\Phi(\tau)^2 \tag{5.7}$$

となる，横軸 τ は $\tau=(k_0L)^{1/3}\sin\theta$ で，k_0 は真空中での電磁波の波数，L は密度の変化長，θ は入射角度である．L が大きい

* 2003 年ノーベル物理学賞受賞．

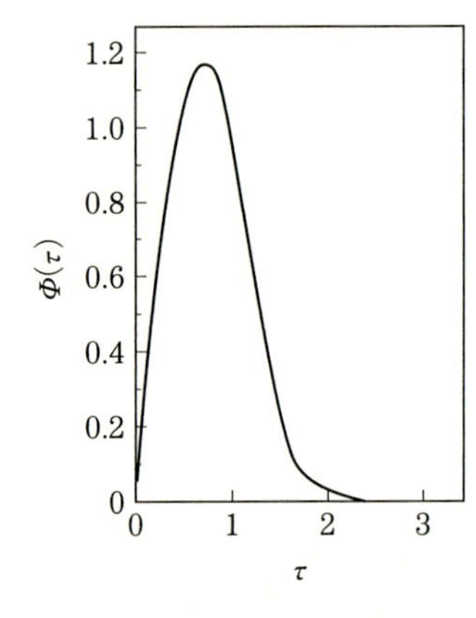

図 5.2　不均一プラズマに斜めに入射する電磁波の共鳴吸収率を与えるギンツブルグ曲線.

と電磁波はカット・オフ密度にまでトンネル効果で侵入することができない．逆に垂直入射($\theta=0$)に近づくと，十分な E_z 成分ができなくなることから吸収率は下がる．この共鳴吸収は実験的にも確認されている．共鳴吸収は吸収とは言っても，電子プラズマ波のランダウ減衰などを通して一部の共鳴粒子のみにエネルギーを与える．このために電子全体が加熱されずに一部の高速電子を生成する．高速電子は平均自由行程が長いことから，高密度の低温部分を先行加熱するなどの物理現象をもたらす．レーザー核融合では極力，吸収は古典吸収が支配的になるようにレーザーの強度や波長などを調整している．なお，ギンツブルグは元来，電磁波を電離層に照射したときの物理現象を解析することが主目的でこのような研究をおこなった．

■5.4　輻射加熱

レーザーによる逆制動輻射加熱と同じであるが，高温の輻射源が周りの物質を加熱する場合が宇宙物理ではよく問題となる．

たとえば，図 1.4 の二重星の場合，降着円盤からブラックホールに落下していく物質は重力エネルギーを熱エネルギーに変換し，強い X 線を放出する．この X 線輻射は熱平衡分布のプランク分布に近く，輻射温度は 1 keV にも達する．このような輻射が降着円盤のプラズマを加熱して完全電離プラズマを維持していると同時に，伴星の表面を加熱している．伴星表面のケイ素(Si)などの重い元素は，加熱というより，輻射により電離が異常に進行した電離非平衡な状態にある．

星の形成でも輻射加熱が重要な役目を担う．最初は冷たい分子雲であったものが，重力で収縮を始め，回転円盤を作りながら中心に星の卵を作る．星の卵は，密度が低い時は収縮で加熱されたエネルギーを輻射で放出して温度は上昇しない．しかし，輻射の平均自由行程が星の卵のサイズに近くなるとエネルギーは逃げず，温度が収縮とともにどんどん高くなる．すると，当然プラズマ状態になり，表面からその温度に見合う輻射が放出される．この輻射を周りの物質は吸収し，電離し，プラズマとなる．プラズマとなった時点で宇宙空間の磁場を引きずることになり，降着円盤が磁場をねじ曲げる．

物騒な話ではあるが，**水素爆弾**は重たい劣化ウランで作られた容器内の二重構造で爆発するようになっている．まず，容器内の原爆(プライマリー)を爆発させて数百 eV のプランク分布に近い X 線輻射を容器の中に充満させる．すると，容器が吹き飛んでしまう前に，この輻射が第 2 番目の核融合燃料球(セカンダリー)の表面で吸収され超高圧力が発生する．この圧力で燃料球を**爆縮**し核融合反応を起こす．原理はレーザー核融合と同じで，レーザーの代わりに X 線による加熱を使っている．しかし，爆縮による燃料の圧縮率がレーザー核融合の場合に比べ桁違いに低く，膨大な量の燃料が核融合を起こしてしまい，制御できないほどのエネルギーを放出するのである．

6

プラズマ中の輸送現象

プラズマを閉じ込めて加熱しても粒子やエネルギーはクーロン衝突や波動不安定の結果生じた乱流場により散乱され拡散していく．このような輸送現象を説明し，プラズマというクーロン多体系特有の非局所な熱輸送や電磁場乱流による異常輸送現象について，その物理機構を概説する．

■6.1　加熱，輸送，閉じ込め

プラズマを加熱して高温にし，空間的に閉じ込める．これが人工的であろうと自然現象であろうと，空間的な温度や密度の不均一が均一化されていく物理機構を輸送という．磁場で荷電粒子を閉じ込めても有限の時間で拡散してしまう．分子雲に星が形成され始めると，高温になり，輻射によりエネルギーが周りに輸送される．空中で原爆や水爆を爆発させる実験は 1963 年に米，英，旧ソ連が部分的核実験禁止条約(PTBT)に調印するまで繰り返された(その後も地下核実験が 1996 年に包括的核実験禁止条約(CTBT)が国連で採決されるまで続いた)．そこで見られたものは，爆発と同時に光速に近い速度で伝搬する火の玉(ファイアー・ボール)であり，**輻射輸送**によるエネルギーの広がりである．その後，遅れて流体現象が始まる．最初の原爆実験(トリニティー，1945 年 7 月)では半径 150 m で輻射輸送面に衝撃波面が追いつき，後は衝撃波という強い非線形性をともなう音波として波動がエネルギーを広い空間に輸送することが観測された．

物の一部を加熱したとき，その熱が伝わる様子はよく知られた**拡散方程式**で記述できる．

$$\frac{\partial}{\partial t}T = \frac{\partial}{\partial x}\left(\chi\frac{\partial}{\partial x}T\right) \tag{6.1}$$

ここで，T は温度，χ は熱拡散係数である．つぎの節で導出するように，熱拡散係数は

$$\chi = al\langle v\rangle \tag{6.2}$$

と書くことができる．ここで，$l, \langle v\rangle$ はエネルギーを運ぶ粒子の平均自由行程と平均の速度である．プラズマ中の電子の場合，l は(1.12)の l に対応し $\langle v\rangle$ は電子の熱速度に対応する．(6.2)で a は大きさが 1 程度の無次元係数である．

プラズマ物理学で問題となる輸送現象では(6.1)の拡散方程式をベースにするとはいえ，つぎのような高度な問題を数理モデル化して解析する必要がある．

(1) 熱拡散係数 χ が T の関数となる非線形熱伝導問題．

(2) 物理量の勾配が急となり，(6.1)の拡散近似が使えない非局所熱輸送問題．

(3) プラズマ中の波動の不安定から生じた電磁場乱流による異常輸送現象の問題．

■6.2　拡散型の輸送方程式

拡散近似の破綻を議論するために，簡単な拡散近似の導出からスタートしよう．いま，1次元で平均自由行程が Δx，平均衝突時間が Δt としよう（移動速度は $\langle v\rangle=\Delta x/\Delta t$）．衝突ごとに，まったくランダムに右か左に移動方向を変えると仮定できるマルコフ過程を考える．このようなランダムな運動により物理量 $f(t,x)$ が変化していくと考える．すると，上の記述を数式で表わせば

$$f(t+\Delta t,x)=\frac{1}{2}\left[f(t,x+\Delta x)+f(t,x-\Delta x)\right]-f(t,x) \tag{6.3}$$

となる．この式は以下のような差分方程式に変形できる．

$$\begin{aligned}&\frac{f(t+\Delta t,x)-f(t,x)}{\Delta t}\\&\quad=\frac{1}{2}\frac{(\Delta x)^2}{\Delta t}\frac{f(t,x+\Delta x)-2f(t,x)+f(t,x-\Delta x)}{\Delta x^2}\end{aligned} \tag{6.4}$$

この方程式を (t,x) の周りにテイラー展開して $f(t,x)$ の分布が十分緩やかであると考えて，左右の最低次の項のみを残すと(6.1)の関係式がえられる．この場合拡散係数は $1/2(\Delta x^2/\Delta t)$ となる．参考までに，(6.4)は(6.1)を計算機で解く場合の空間中心差分に相当している．また，上の操作は(6.3)で Δx, $\Delta t\to 0$ の極限をとることと同じであることに注意しよう．以上の操作からわかるように，拡散方程式とは $f(t,x)$ の分布が Δx, Δt に比べて十分ゆっくり変化しているときに近似的に成立する方程式で

ある．

電子が加熱される場合が多いので，完全電離プラズマ中の**電子熱伝導**について考えてみよう．まず，磁場がなく自由に熱運動している場合を考える．熱拡散係数は(6.2)の関係に(1.12)を代入すると

$$\chi \propto T_{\mathrm{e}}^{5/2} \tag{6.5}$$

のように温度の関数となる．このように拡散係数がその物理量自体の関数になっている場合を**非線形熱伝導**という．この場合，フーリエの重ね合わせの原理に立脚した解析はできない．(6.5)のように温度のベキ乗に比例する場合は一般に自己相似解法に従い無次元関数 $X_{\mathrm{f}}(t)/x=\xi$ を導入し，(6.1)を ξ に関する常微分方程式に変換することができる．ここで，$X_{\mathrm{f}}(t)$ は熱伝導波の波面の座標である．スペースの関係で**自己相似解**についての解説は割愛するが，方程式を解かなくても解の性質は次元解析でわかる．

いま，$x=0$ の境界から輻射やレーザーなどで加熱された電子のエネルギーが定常的に入射されているとしよう．そのエネルギー流速を Q（一定）とする．電子熱流速 q は 1 電子あたりの比熱を C_{V} として(6.1)より

$$q = -C_{\mathrm{v}} n_{\mathrm{e}} \chi \frac{\partial}{\partial x} T_{\mathrm{e}} \tag{6.6}$$

と書ける．ここで，n_{e} は電子密度．ある時刻の波面の座標を $X_{\mathrm{f}}(t)$，平均温度を $T_{\mathrm{a}}(t)$ とすると，まず，定常的な熱流速を維持するためには

$$q \sim T_{\mathrm{a}}^{7/2} \frac{1}{X_{\mathrm{f}}} \sim Q \tag{6.7}$$

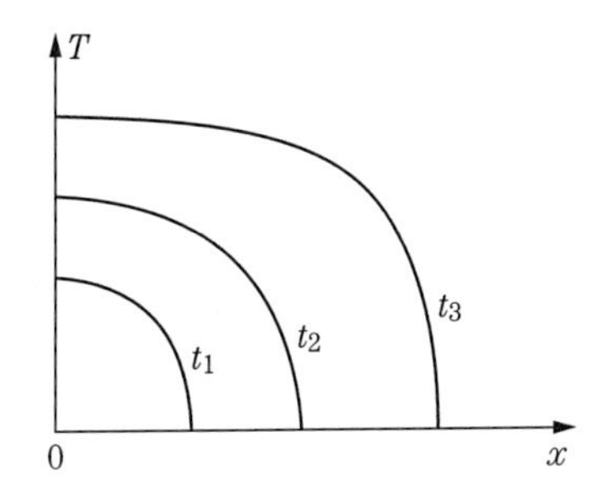

図 6.1 一定のエネルギー流速が左の境界から注入されているときの非線形熱伝導波の伝搬の様子．時間は $t_1<t_2<t_3$ である．

の関係が成り立つ必要がある．同時に，(6.1)の**次元解析**より

$$X_{\mathrm{f}}^2 \sim T_{\mathrm{a}}^{5/2} t \tag{6.8}$$

の関係が成り立つ．(6.7),(6.8)より以下の関係式が求まる．

$$X_{\mathrm{f}}(t) \propto t^{7/9} \ , \quad T_{\mathrm{a}}(t) \propto t^{2/9} \tag{6.9}$$

実際に形状まで含めて解析すると熱伝導波は図 6.1 のように伝搬する．この熱伝導の特徴は，温度が高いところでは熱伝導が良く平坦であるが，温度が下がり始めると急激に熱伝導が悪くなり温度が下がることである．したがって有限の伝搬速度 $X_{\mathrm{f}}(t)/t$ で伝搬することになる(線形な場合，伝搬速度は無限であった)．X 線輻射輸送でも熱伝導係数の温度依存性が強い．簡単な局所平衡を基礎にしたモデルでは拡散係数は温度の m 乗(m=1.5〜2.5)に比例する．太陽の場合，図 1.3 で，温度が高い内部では輻射でエネルギーが輸送されたが，表面近くで温度が低くなると急激に熱伝導は悪くなり，代わりに対流がエネルギー輸送を担う．

磁場で閉じ込めた場合の荷電粒子の輸送を考えよう．磁場に平行方向には力は働かないので，上記と同じである．ところが，磁場に垂直な方向にはラーモア運動するので自由な運動ができないことから，熱伝導係数が磁場の強さに依存してくる．導出

は省略するが，磁場に垂直方向の電子熱拡散係数 $\chi_\perp$ は

$$\chi_\perp = \frac{1}{1+(\omega_{\mathrm{ce}}\tau_{\mathrm{c}})^2}\chi \tag{6.10}$$

となる．ここで，τ_{c} は衝突時間で $\tau_{\mathrm{c}}=l_{\mathrm{e}}/v_{\mathrm{e}}$ である．磁場により電子の軌道が曲がり実質的な平均自由行程が短くなっていると考えればよい．

磁場が強い極限では $\omega_{\mathrm{ce}}\tau_{\mathrm{c}} \gg 1$ となり，(6.10)は以下のようになる

$$\chi_\perp \cong \frac{r_{\mathrm{L}}^2}{\tau_{\mathrm{c}}} \propto \frac{1}{B^2 T_{\mathrm{e}}^{1/2}} \tag{6.11}$$

これが意味するところは，強い磁場のもとでは実質的な平均自由行程がラーモア半径となることである．電子はラーモア運動しながら τ_{c} の時間ごとにクーロン衝突により隣のラーモア運動の軌道に移り時間的に拡散していくという直観的なイメージに合致する．また，温度については $T_{\mathrm{e}}^{-1/2}$ に比例するようになり，高温度になるほど拡散係数が小さくなる．

この原理を利用して磁場に垂直方向の拡散を抑えながらウラニウムの同位体分離をおこなう装置をボームらは開発した．原爆用のウラン 235 を抽出するために，(6.10)の拡散係数がイオンの場合，その質量数に依存することを利用しようとした(熱伝導係数も粒子拡散係数も基本的に同じであることに注意)．しかし，実際に装置を動かしてみると，その拡散係数はずっと大きく，かつ，温度や磁場への依存性も違い，半経験的に以下の式を得た(1946 年)．

$$D_\perp = \frac{1}{16}\frac{T_{\mathrm{e}}}{eB} \tag{6.12}$$

この法則に従う拡散を**ボーム拡散**という．(6.11)に比べ磁場での

拡散の抑えが弱くなり，また，温度依存性が逆転してしまっている．なぜこのようになったのかは 6.4 節「異常輸送」で説明する．

■6.3　非局所熱輸送

電子熱伝導係数の正確な計算は **Spitzer–Härm**(SH)によりなされた(1953 年)．彼らは(A4.3)と(A4.5)から出発し，分布関数を角度方向にはルジャンドル展開し，その第 1 次に対する分布関数を求めて熱流速の表式を求めた．このような導出が許される条件は，分布関数がマックスウェル分布からわずかしかずれていないことである．つまり，温度の変化長 $L_{\mathrm{T}}=|(\mathrm{d}T_{\mathrm{e}}/\mathrm{d}x)/T_{\mathrm{e}}|^{-1}$ が平均自由行程 l_{e} に比べ十分長いことを前提にしている．ところが，高温のプラズマなどを研究していると必ずしもこの条件を満たさない場合に多く出くわす．電子に対する**フォッカー-プランク方程式**(A4.3),(A4.4)を直接解いてみると，$l_{\mathrm{e}}/L_{\mathrm{T}}=0.001$ 程度でもすでに拡散方程式からのずれがみられる．

A. Bell らは(A4.3),(A4.4)を計算機で直接解いた(1981 年)．そのときの温度分布を図 6.2 に示す．図 6.1 のような熱伝導波が形成されているが先端部の温度分布が滑らかである．代表的な時刻での熱流速を**自由熱流速** $q_{\mathrm{f}}=n_{\mathrm{e}}v_{\mathrm{e}}T_{\mathrm{e}}$ で規格化して描いたのが図 6.3 である．SH の関係式は図中の直線を与える．この図からわかることは

(1) 熱流の最大値は $0.1q_{\mathrm{f}}$ 程度である．

(2) 熱流速はヒステリシスを描く．

(3) $l_{\mathrm{e}}/L_{\mathrm{T}}=0.001$ でも SH の熱流速からのずれは 2 倍程度ある．

(1)についてまず考えよう．単純に考えれば，マックスウェル

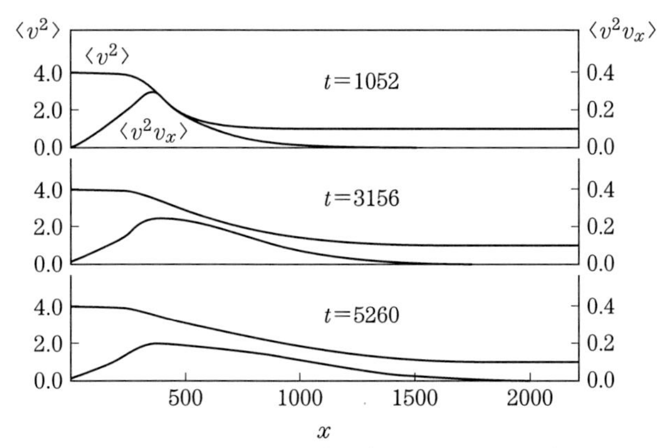

図 6.2　フォッカー-プランク方程式を解いて電子のエネルギー輸送を調べた．左端の温度を全体の温度の 4 倍にした時のエネルギー流速密度 $\langle v^2 v_x \rangle$ と実効的な温度 $\langle v^2 \rangle$ の時間発展を示す．

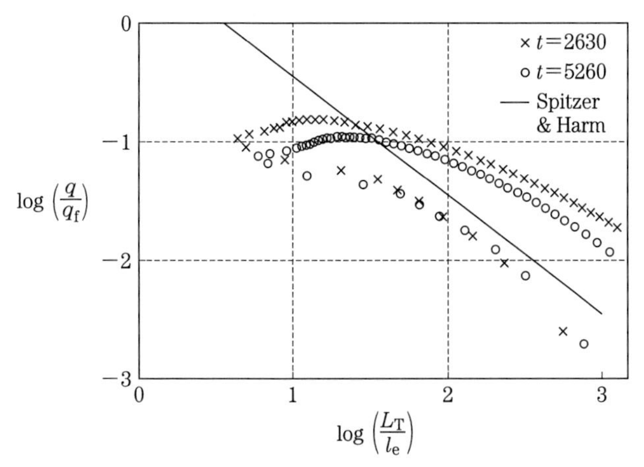

図 6.3　2 つの時刻における無次元化した熱流速と温度の傾きの関係．(6.5),(6.6)で決まる SH の場合は，図の実線のようになる．シミュレーション結果では熱流速には最大値があり，また，ヒステリシスを描く．

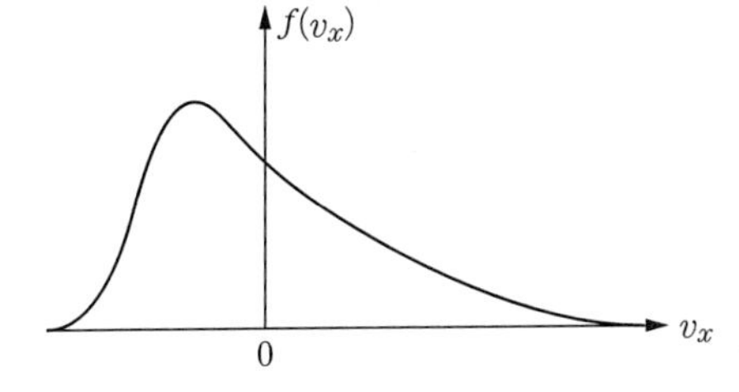

図 6.4　熱流速が大きいが電流中性を保つ場合の電子の分布関数(非対称なマックスウェル分布).

分布の $v_x>0$ の成分が運ぶ熱流速が最大であろう．その値を計算してみると，$q=0.6q_{\mathrm{f}}$ となる．ところが，実際には熱流と同時に電流も流れるため電荷分離が起こる．これにより作られた電場は電流を打ち消す．結果として，熱流のきわめて大きいときの分布関数は図 6.4 のように非対称マックスウェル分布と呼ばれる形になる．電流は v_x の 1 次のモーメントで，図 6.4 ではゼロになっている．しかし，熱流速は v_x^3 のモーメントであることから，テールののびた方向に有限の熱流速が得られる．SH は電流中性条件から電場を求めて，そのうえで分布関数を計算したが，$q>0.1q_{\mathrm{f}}$ ではルジャンドル関数の 1 次まで取った分布関数がテールの部分で負になってしまい，非物理的となってしまう．

(2)の理由は以下のように直観的に理解できる．まず，SH より熱流速が低い部分は図 6.2 の温度分布で温度が高い部分で $\partial^2 T_{\mathrm{e}}/\partial x^2<0$ の領域である．SH はある点での温度分布を直線近似して熱流速を求めたと考えれば，高温部分での温度はそれより低いため熱流速が SH に比べて低くなっている．逆に，$\partial^2 T_{\mathrm{e}}/\partial x^2>0$ の熱伝導波の先端部分では，高温部の温度が直線近似した値より高いために熱流速は SH のそれより高くなっている．

(3)の理由についても言及しておこう．これは，電子やイオンなどクーロン多体系での熱輸送に独特の現象である．SH の計算に従って熱流速の速度依存性を調べてみると，熱速度の3倍程度の速度の粒子による熱流速が最大となっていることがわかる．電子の平均自由行程(1.12)の温度依存性は v^4 依存性に由来している．したがって，熱速度の3倍の電子の実効的な平均自由行程は l_e の 3^4~100倍となるために，きわめて緩やかな温度勾配の場合でも拡散近似が破綻してしまうのである．

では，(6.1)に代わりに非局所熱伝導を表現する数理表現はどのようなものであろうか．微分は局所的な値しか反映しないが，積分なら非局所性を取り込むことができる．Luciani らは以下のような**積分表示の熱流束**を提唱した

$$q_e(x) = \int_{-\infty}^{\infty} dx' q_{SH}(x') W(x, x') \tag{6.13}$$

ここで q_{SH} は SH が導出した電子熱流束で，(6.5)の依存性を持つ(6.6)の形式の熱流束である．積分の核 $W(x, x')$ は伝達関数の働きをし

$$W(x, x') = \frac{1}{2\lambda(x')} \exp\left(-\frac{|x-x'|}{\lambda(x')}\right) \tag{6.14}$$

のように与えられる．λ はイオンと電子との衝突による実効的な電子の平均自由行程(λ_e)に比例する関数で係数はこの結果がフォッカー-プランクの計算結果を再現するように決められている(値は $\lambda=32\lambda_e$ と先に説明した理由から大きな値となる)．(6.14)は平均自由行程 λ が十分短い極限ではデルタ関数になり，SH の結果を再現する．

■6.4　異常輸送

プラズマの**異常輸送**とは波が**乱流状態**になり，電場や磁場の

ランダムな「島」によって荷電粒子が散乱されながら物理量を輸送する現象である．電磁場だけでなく，対流運動によって物理量が輸送される場合も含む．図 1.3 に示したように太陽表面は流体力学的に不安定で，対流が起こっており，これが熱を輸送している．このような現象は通常の流体や気体中でも多様な場面で重要となり，流体力学の世界では乱流拡散と呼んでいる．流体乱流では大きな渦から小さな渦まで多数の渦が混在している．一様乱流ではコルモゴロフのスペクトルと呼ばれる有名な渦の大きさの分布があるが，詳細は割愛する．

大きな渦に取り込まれた高温の粒子は渦のサイズ程度の距離を渦回転の時間程度で運ばれる．ここに，渦のサイズ Δx と回転時間 Δt という物理量が現われた．これから，

$$D_{\mathrm{turb}} = b\frac{(\Delta x)^2}{\Delta t} \qquad (6.15)$$

のように拡散係数を作ることができる．ここで，b は大きさが 1 程度の無次元係数．実際，小さな渦も大きな渦も混在している場合，(6.15)をすべての渦について考えると，一般には大きな渦の係数が大きいことがわかる．したがって，大雑把にいって，大きな渦で決まるような拡散係数を使えば乱流による異常輸送係数が b を除いて求まる．

このような考え方の背景には，乱流で作られる大きな渦は，せいぜい，回転時間程度の寿命しかなく，渦のサイズ程度移動した段階で運ばれた物理量は別の渦に取り込まれるという仮定がある．超新星爆発や星の進化の計算などでは**混合距離理論**という名で呼ばれる(6.15)の形の対流拡散係数を用いて球対称 1 次元の数値計算をおこなってきた．もっと古くは，このような乱流拡散モデルはブシネスクの乱流粘性モデル(1877 年)に始まり，

プランドリルの混合距離理論の提唱(1925年)に行き着く．

身近な例では，煙突からわき出る雲の流れを考えよう．空気の流れが層流で拡散が無視できるなら，流れ線に従って煙突から出た煙は1本の細い線を描くだけである．実際には分子拡散があり，その拡散による広がりを計算すると $D{\sim}10^{-2}\,\mathrm{cm^2/s}$ 程度であり，1 m 広がるのにほぼ一日かかる．ところが，見る間に雲は太く拡散していくような場合をよく見かける．これは，まさに，上記の**乱流拡散**である．気流が煙突や工場の建物などで乱され，乱流が発生しているのである．

プラズマに帰って，ボーム拡散を考えよう．電子とイオンの移動度の違いから，拡散にともなう電場 $\delta\boldsymbol{E}$ が磁場と垂直方向にできている．この電場のポテンシャルは電子の熱エネルギー程度であり装置が円筒形として，その半径を R とすると，$\delta\boldsymbol{E}=T_{\mathrm{e}}/(eR)$ 程度である．これにともない，$\boldsymbol{E}\times\boldsymbol{B}$ ドリフトが生じる．電場自体がランダムな方向に作られるとしてこのドリフトにより運ばれる粒子流速は

$$\Gamma_{\perp} \sim nV_{\mathrm{drift}} \sim \frac{T_{\mathrm{e}}}{eB}\frac{n}{R} \sim -\frac{T_{\mathrm{e}}}{eB}\nabla n \tag{6.16}$$

となり，拡散係数の依存性は(6.12)の**ボーム拡散**を説明してくれる．

プラズマの輸送現象で一番興味深いのは波の不安定から非線形，乱流を経て電磁場の「島」が多数でき，これにより粒子が拡散される異常輸送現象である．磁場閉じ込め核融合の歴史は「異常輸送との戦いの歴史」と言っても過言ではない．したがって，説明を始めればそれだけで一冊の厚い本ができあがってしまう．これ以上は専門書に譲る．

A

付録

■A.1　マックスウェル方程式

電場 $\boldsymbol{E}$，磁場 $\boldsymbol{H}$，電束密度 $\boldsymbol{D}$，磁束密度 $\boldsymbol{B}$ としてプラズマ中のマックスウェル方程式は以下のように書ける

$$\nabla\times\boldsymbol{E}=-\frac{\partial\boldsymbol{B}}{\partial t} \tag{A1.1}$$

$$\frac{1}{\mu_0}\nabla\times\boldsymbol{B}=\boldsymbol{j}+\varepsilon_0\frac{\partial\boldsymbol{E}}{\partial t} \tag{A1.2}$$

$$\varepsilon_0\nabla\cdot\boldsymbol{E}=\rho \tag{A1.3}$$

$$\nabla\cdot\boldsymbol{B}=0 \tag{A1.4}$$

ここで，ε_0，μ_0 は真空の誘電率，透磁率であり，$\boldsymbol{B}=\mu_0\boldsymbol{H}$，$\boldsymbol{D}=\varepsilon_0\boldsymbol{E}$ である．また，電流密度 $\boldsymbol{j}$，電荷密度 ρ は外部の分とプラズマによる分からなり以下のように書ける．

$$\boldsymbol{j}=\boldsymbol{j}_{\mathrm{ext}}+Zen_{\mathrm{i}}\boldsymbol{u}_{\mathrm{i}}-en_{\mathrm{e}}\boldsymbol{u}_{\mathrm{e}} \tag{A1.5}$$

$$\rho=\rho_{\mathrm{ext}}+Zen_{\mathrm{i}}-en_{\mathrm{e}} \tag{A1.6}$$

ここで，$\boldsymbol{j}_{\mathrm{ext}}$ は外部磁場を形成する電流であり，ρ_{ext} は外部から印可された電場を作る電荷である．関係式の完全性を保つ意味

で書き加えた．プラズマ中ではイオンと電子がそれぞれ(A1.5)，(A1.6)の第2, 3項のように自己電流，自己電荷を作る．Zは原子番号で，Zeがイオンのもつ電荷を表わす．n_iはイオンの数密度，$\boldsymbol{u}_\mathrm{i}$はイオンの流速であり，$n_\mathrm{e}$, $\boldsymbol{u}_\mathrm{e}$は電子の数密度と流速をそれぞれ表わす．以下，イオン流体の物理量には添え字iを，電子流体の物理量には添え字eを付ける．

■A.2 流体方程式

中性流体や中性気体など連続体の力学を支配する方程式に，流体方程式がある．流体方程式は，本来は(A4.3)のボルツマン方程式の速度モーメントに対する偏微分方程式であり，無限の連立方程式になる．しかし，それでは解けないので，局所熱平衡を仮定することにより一般に，密度ρに関する連続の式，流速$\boldsymbol{u}$に関する運動の式(運動量保存の式)，温度Tに関するエネルギー式(エネルギー保存の式)の連立偏微分方程式として定式化されている．

まず，連続の式は

$$\frac{\partial}{\partial t}\rho+\nabla(\rho\boldsymbol{u})=0 \qquad \text{(A2.1)}$$

である．これは，質量不滅を示す式ともいわれる．上記の式をある体積Vで積分するとガウスの定理を用いて

$$\frac{\partial}{\partial t}\oint\rho\mathrm{d}V=-\oint\rho\boldsymbol{u}\cdot\mathrm{d}\boldsymbol{S} \qquad \text{(A2.2)}$$

と書ける．これは，左辺が体積Vの中の全質量の時間変化であり，それが，右辺に示した体積Vの全表面から単位時間に流入した質量と流失した質量の差に等しい，という関係式を与えて

いる．(A2.1)は密度を決めるためには流速 $\boldsymbol{u}$ の分布が必要であることを示している．

流速 $\boldsymbol{u}$ に対する式が**運動の式**であり，運動の式は 2 通りの書き方がある．まず，単位体積の流体を質量 ρ の質点であると考えて，流体には外力 $\boldsymbol{F}$ とは別に内部力として圧力 P による力が働いていることを考えると，この仮想的な質点に対するニュートン方程式として以下の式を得る．

$$\rho \frac{\mathrm{d}\boldsymbol{u}}{\mathrm{d}t} = -\nabla P + \boldsymbol{F} \tag{A2.3}$$

この場合は，流体の 1 素片に注目しているわけで $\boldsymbol{u}$ は時間だけの関数であり，力はその流体素片がある場所で単位体積あたりに加わる力となる．たとえば重力なら $\boldsymbol{F}=\rho\boldsymbol{g}$ である．ところが，流速は流体が存在する全空間で定義されるので，流速を速度場 $\boldsymbol{u}(t, \boldsymbol{r})$ と考えると(A2.3)の時間に対する全微分は

$$\frac{\mathrm{d}}{\mathrm{d}t} = \frac{\partial}{\partial t} + \boldsymbol{u} \cdot \nabla \tag{A2.4}$$

という関係式で置き換えることができ，運動方程式は速度場に対する偏微分方程式となる．

$$\rho\left(\frac{\partial}{\partial t} + \boldsymbol{u} \cdot \nabla\right)\boldsymbol{u} = -\nabla P + \boldsymbol{F} \tag{A2.5}$$

圧力 P は一般に密度 ρ と温度 T の関数である．その関係式

$$P = P(\rho, T) \tag{A2.6}$$

は**状態方程式**と呼ばれ，中性ガスの分子質量を m とすると，理想的な自由気体では $P=\rho T/m$ と書ける．

圧力を決めるためには温度 T に対する方程式が必要になる．これは，熱力学の第一法則より導かれる．単位質量あたりの粒

子群に対してこの法則が成立すると考えることにより，エネルギー式として

$$\frac{\mathrm{d}\varepsilon}{\mathrm{d}t} = -P\frac{\mathrm{d}V}{\mathrm{d}t} + \frac{\mathrm{d}Q}{\mathrm{d}t} \tag{A2.7}$$

を得る．ここで，ε は単位質量あたりの内部エネルギーであり，理想気体では比熱比を γ として

$$\varepsilon = \frac{1}{\gamma-1}\frac{T}{m}$$

となる．また，単位質量あたりの体積は $1/\rho$ であるから，これを V に代入し，理想気体の温度の式として

$$C_{\mathrm{V}}\frac{\mathrm{d}T}{\mathrm{d}t} = -\frac{P}{\rho}\nabla\boldsymbol{u} + \frac{\mathrm{d}Q}{\mathrm{d}t} \tag{A2.8}$$

を得る．ここで，C_{V} は単位質量あたりの等積比熱で，理想気体では

$$C_{\mathrm{V}} = \frac{1}{m(\gamma-1)}$$

である．$\mathrm{d}Q=0$ の場合は**断熱過程**であり，流体方程式は閉じる．しかし一般には，温度勾配などにより粒子によるエネルギー輸送などが存在し，$\mathrm{d}Q\neq0$ である．これについては第6章の輸送現象でふれている．

■A.3　プラズマの二流体方程式

プラズマはイオン流体と電子流体という2種類のガスの混合気体であると考えることができる．加えて，荷電粒子群であることから電場，磁場による力を受ける．この場合は流体の場合の質量密度 ρ に代えて，イオンの数密度 n_{i}，電子の数密度 n_{e}

を用いる．プラズマは完全電離であり，電子が再結合や電離により消滅や発生したりすることがないとしよう．すると，イオン，電子それぞれに中性ガスの場合の連続の式に対応する関係式が以下のようになる．

$$\frac{\partial n_\mathrm{i}}{\partial t}+\nabla(n_\mathrm{i}\boldsymbol{u}_\mathrm{i})=0 \tag{A3.1}$$

$$\frac{\partial n_\mathrm{e}}{\partial t}+\nabla(n_\mathrm{e}\boldsymbol{u}_\mathrm{e})=0 \tag{A3.2}$$

つぎに，運動の式は電磁場による力を陽に書くことにより

$$m_\mathrm{i}\left(\frac{\partial}{\partial t}+\boldsymbol{u}_\mathrm{i}\cdot\nabla\right)\boldsymbol{u}_\mathrm{i}=-\frac{1}{n_\mathrm{i}}\nabla(n_\mathrm{i}T_\mathrm{i})+Ze(\boldsymbol{E}+\boldsymbol{u}_\mathrm{i}\times\boldsymbol{B}) \tag{A3.3}$$

$$m_\mathrm{e}\left(\frac{\partial}{\partial t}+\boldsymbol{u}_\mathrm{e}\cdot\nabla\right)\boldsymbol{u}_\mathrm{e}=-\frac{1}{n_\mathrm{e}}\nabla(n_\mathrm{e}T_\mathrm{e})-e(\boldsymbol{E}+\boldsymbol{u}_\mathrm{e}\times\boldsymbol{B}) \tag{A3.4}$$

となる．実際の研究の現場では，これに，エネルギー式を加え，各種エネルギー輸送を加味して解析していかなければいけないが，本書ではプラズマ流体に対するエネルギー式は陽に解くことはせずにすます．

■A.4 ブラソフ方程式とフォッカー-プランク方程式

電子あるいはイオンの速度分布関数を $f(t,\boldsymbol{x},\boldsymbol{v})$ としよう．その時間変化は

$$\frac{\mathrm{d}}{\mathrm{d}t}f=\frac{\partial}{\partial t}f+\frac{\mathrm{d}\boldsymbol{r}}{\mathrm{d}t}\cdot\frac{\partial}{\partial\boldsymbol{r}}f+\frac{\mathrm{d}\boldsymbol{v}}{\mathrm{d}t}\cdot\frac{\partial}{\partial\boldsymbol{v}}f \tag{A4.1}$$

ここで，定義より

$$\frac{\mathrm{d}\boldsymbol{r}}{\mathrm{d}t}=\boldsymbol{v}\,,\quad \frac{\mathrm{d}\boldsymbol{v}}{\mathrm{d}t}=\frac{\boldsymbol{F}}{m} \tag{A4.2}$$

である．力としてデバイ長より長距離で緩やかに変化する集団現象を引き起こす力のみを残し，クーロン衝突による分布関数の変化を右辺にもってくると，

$$\frac{\partial}{\partial t}f+\boldsymbol{v}\cdot\frac{\partial}{\partial \boldsymbol{r}}f+\frac{\boldsymbol{F}}{m}\cdot\frac{\partial}{\partial \boldsymbol{v}}f=\left(\frac{\mathrm{d}f}{\mathrm{d}t}\right)_{\mathrm{coll}} \tag{A4.3}$$

の関係式がでる．ここで，高温プラズマを考え，無衝突近似をすると，右辺はゼロとなる．右辺がゼロである関係式を**ブラソフ方程式**という．

問題によっては衝突項の効果が重要になる．古典的な輸送現象などがその典型である．その場合，クーロン衝突項の数理モデルが必要となる．通常の中性ガスなどではビリヤードの玉の衝突のように大角散乱が主であることから，衝突により速度空間で値は大きく変化する．このような速度空間での非局所的変化を表現するには積分形式が妥当である．このような衝突項をもつ(A4.3)は**ボルツマン方程式**と呼ばれている．

プラズマの場合は第1章で説明したように小角散乱の寄与が支配的である．つまり，衝突の前後での速度を $\boldsymbol{v}, \boldsymbol{v}'$ としたとき，ボルツマン方程式の衝突項の積分形を $\Delta v=|\boldsymbol{v}-\boldsymbol{v}'|\ll|\boldsymbol{v}|$ として，v の周りで展開し積分を実行して得られる衝突項は

$$\left(\frac{\mathrm{d}f}{\mathrm{d}t}\right)_{\mathrm{coll}}=\frac{\partial}{\partial \boldsymbol{v}}\left(\left\langle\frac{\Delta \boldsymbol{v}}{\Delta t}\right\rangle f\right)+\frac{1}{2}\sum_{i,k}\left[\frac{\partial}{\partial v_i}\left\langle\frac{\Delta v_i \Delta v_k}{\Delta t}\right\rangle\frac{\partial}{\partial v_k}f\right] \tag{A4.4}$$

のような速度空間での摩擦項と拡散項の微分形に書き下すことができる．ここで，$\langle\ \rangle$ は衝突する相手の粒子の速度分布関数

で平均化した Δt の間に衝突で変化する速度の平均値をしめす．f が電子の場合，電子・電子の衝突による平均量は f 自身の積分を含むことから積分微分方程式になる．このような速度空間での微分形式で書かれた衝突項(A4.4)をもつ(A4.3)式を**フォッカー-プランク方程式**と呼んでいる．重力はクーロン力同様に長距離力であるため銀河形成などの運動論的な議論の際もフォッカー-プランク方程式が用いられる．

衝突項に積分形も(A4.4)の微分形も複雑であるから解析しにくいという場合，下記のような**クルック衝突項**を用いて大胆に近似する場合もある．

$$\left(\frac{\mathrm{d}f}{\mathrm{d}t}\right)_{\mathrm{coll}} = -\nu(v)[f(t,\boldsymbol{r},\boldsymbol{v})-f_{\mathrm{M}}(\boldsymbol{v}-\boldsymbol{u})] \qquad \text{(A4.5)}$$

ここで，$\nu(v)$ は速度 $\boldsymbol{v}$ の粒子の衝突周波数，$f_{\mathrm{M}}(\boldsymbol{v}-\boldsymbol{u})$ は t, $\boldsymbol{x}$ における密度，流速，温度(平均エネルギー)をもったマックスウェル分布である．

参考文献

プラズマ物理のわかりやすい本はあまり見あたらない．数式だらけの本が多い．いまだに，入門書として30年前のチェンの教科書[1]が使われたりしている．以下に，関連参考書を示す．

プラズマ物理学の代表的な入門書としては

[1] Francis F. Chen(内田岱二郎訳)：プラズマ物理入門，丸善，1977.

[2] N. A. Krall & A. W. Trivelpiece : Principle of Plasma Physics, McGraw-Hill, 1973.

[3] T. J. M. Boyd and J. J. Sanderson : The Physics of Plasmas, Cambridge University Press, 2003.

プラズマ物理の高度な教科書

[4] S. Ichimaru : Basic Principle of Plasma Physics, Benjamin Inc., 1973.

高温の流体現象の包括的な教科書

[5] Ya. B. Zeldovich & Yu. P. Raizer : Physics of Shock Waves and High-Temperature Hydrodynamic Phenomena, Dover, 2002(復刻版).

流体力学の教科書

[6] 日野幹雄：流体力学，朝倉書店，1992.

[7] 巽 友正：連続体の力学，岩波書店，1995.

レーザープラズマの教科書

[8] W. L. Kruer : The Physics of Laser Plasma Interactions, Addison-Wesley, 1988.

…………プラズマ関連の Web サイト

最近はホームページが便利である．本書と関連するものを以下に示す．

（1）プラズマ関連の情報やリンク(プラズマ・核融合学会)

・http://jspf.nifs.ac.jp/news/

・http://jspf.nifs.ac.jp/link/gate.html

（2）宇宙のプラズマから，放電，核融合のプラズマと丁寧な説明がある．

・http://www.plasmacoalition.org/edu.htm

（3）核融合研究関連のリンク

・http://fusionpower.org/OtherSites.html

（4）プラズマ物理関連学会

・日本物理学会：http://wwwsoc.nii.ac.jp/jps/

・日本天文学会：http://www.asj.or.jp/

・日本応用物理学会(プラズマエレクトロニクス分科会)：http://annex.jsap.or.jp/plasma/

・プラズマ・核融合学会：http://jspf.nifs.ac.jp/

・地球電磁気・地球惑星学会：http://www.kurasc.kyoto-u.ac.jp/sgepss/

（5）海外の学会

・米国物理学会(プラズマ物理部門)：http://www.apsdpp.org/

・欧州物理学会：http://www.eps.org/divisions.html（この中の Division of Plasma Physics をクリック）

・アジア太平洋物理学会連合：http://www.aapps.org/

索　引

英数字

あ 行

か 行

さ 行

た 行

な 行

は 行

ま 行

や 行

ら 行

わ 行

■岩波オンデマンドブックス■

岩波講座 物理の世界　さまざまな物質系 4
さまざまなプラズマ

2004年 3 月25日　第 1 刷発行
2006年 5 月25日　第 2 刷発行
2025年 5 月 9 日　オンデマンド版発行

著　者　高部英明（たかべひであき）

発行者　坂本政謙

発行所　株式会社 岩波書店
〒101-8002 東京都千代田区一ツ橋 2-5-5
電話案内 03-5210-4000
https://www.iwanami.co.jp/

印刷／製本・法令印刷

ISBN 978-4-00-731564-0　　Printed in Japan